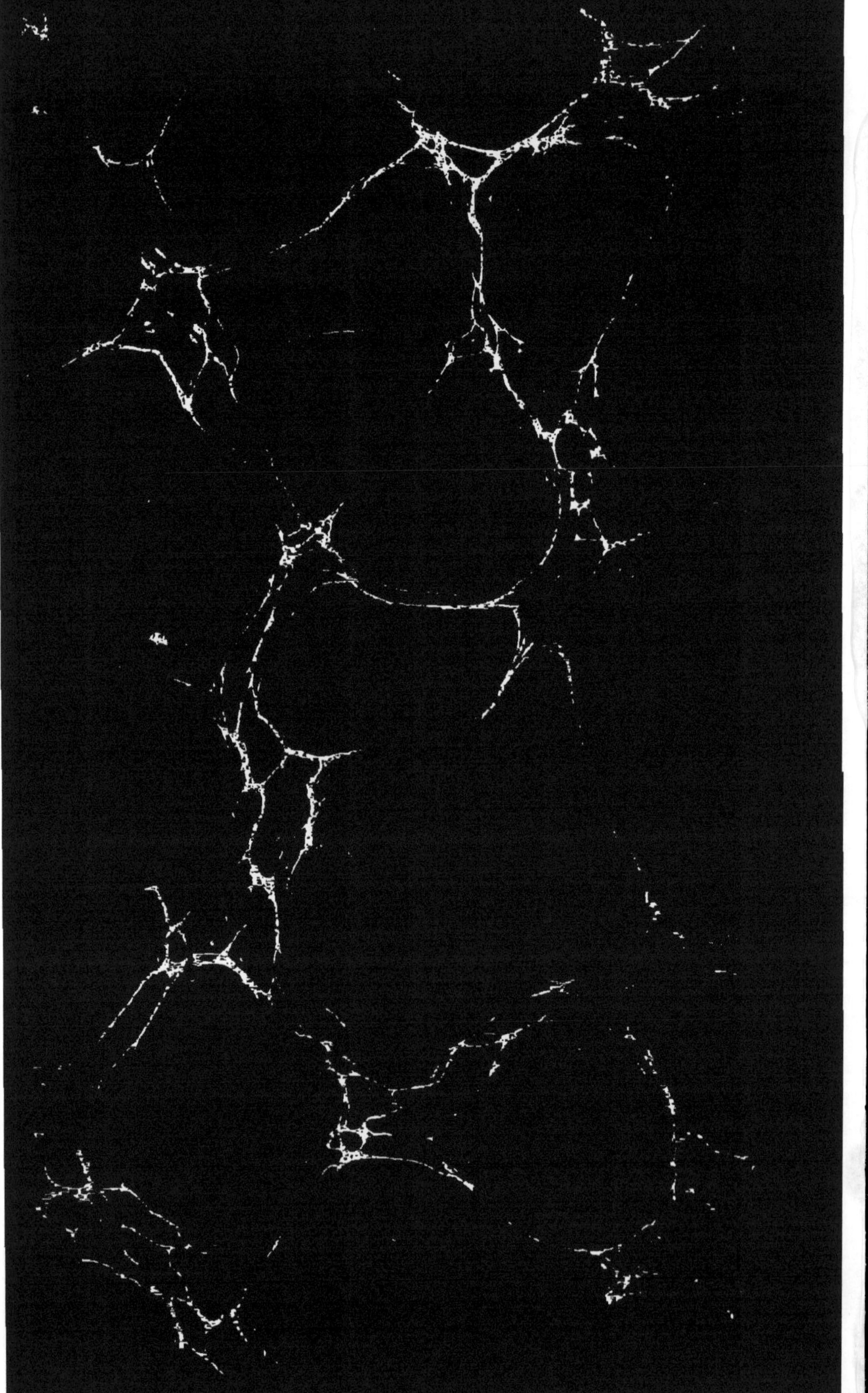

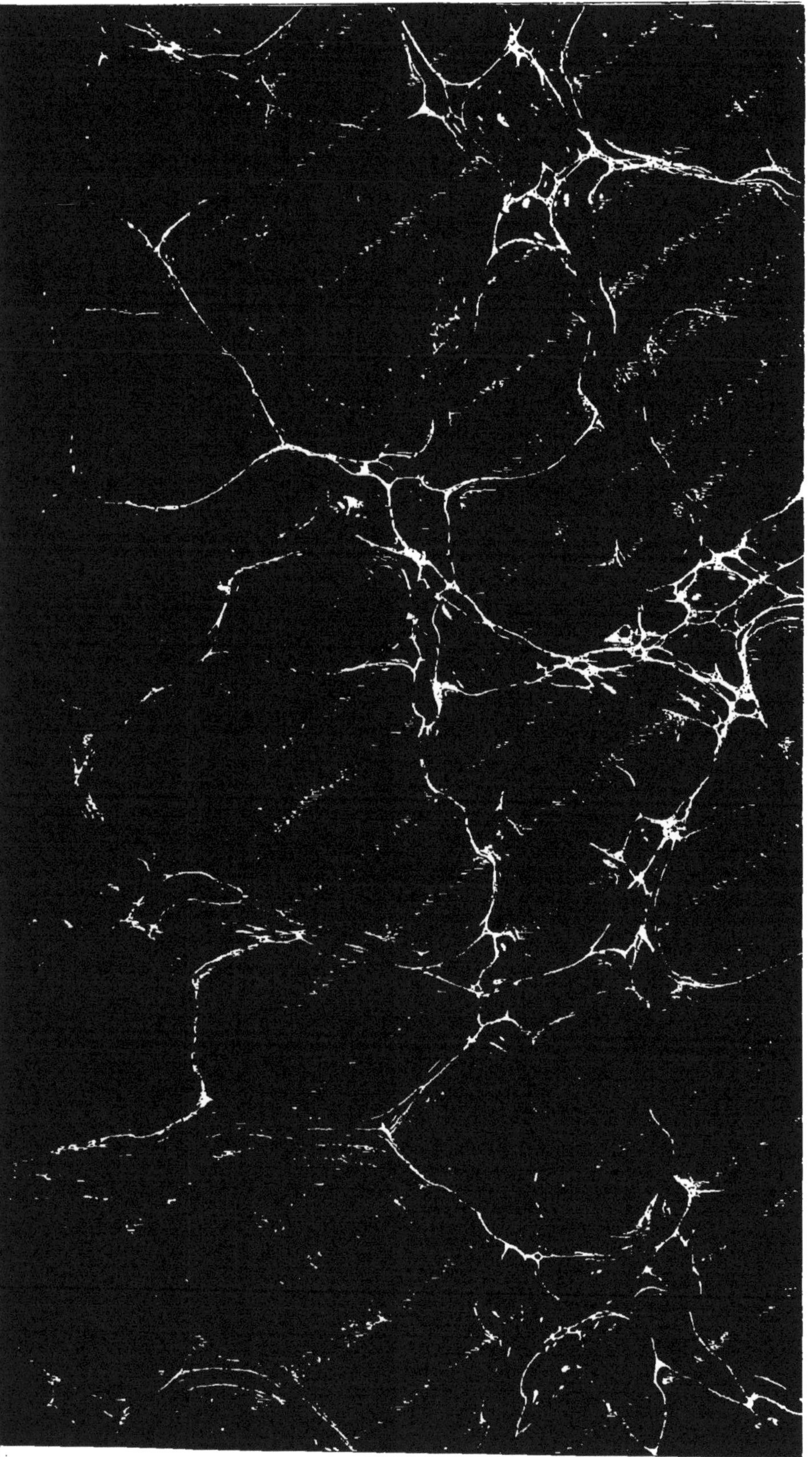

DU MATÉRIALISME PHRÉNOLOGIQUE.

IMPRIMERIE DE E.-J. BAILLY,
Place Sorbonne, 2.

DU MATÉRIALISME PHRÉNOLOGIQUE,

PAR L. MOREAU.

> Errat enim quisquis hominem carne metitur. Nam corpusculum hoc quo induti sumus, hominis receptaculum est. Nam ipse homo neque tangi, neque adspici, neque comprehendi potest; quia latet intra hoc quod videtur.
>
> *L. Cœl. Lactantii, de opific. Dei. Lib.* *num.* 19.

PARIS.

DEBÉCOURT, LIBRAIRE-ÉDITEUR,
RUE DES SAINTS-PÈRES, 64.

M DCCC XLIII

AVIS.

M. Flourens a publié récemment un *Examen de la phrénologie*, ouvrage excellent, et sous le triple rapport de la science, de la raison et du style, la plus parfaite réfutation de ce système qui n'est qu'une perpétuelle offense à la vérité, au bon sens et à la langue. Cette vigoureuse censure de l'une des plus tristes aberrations philosophiques de notre temps a fait naître les réflexions que l'on va lire. Elles résument à peu près le livre de M. Flourens, et doivent encore à son précieux secours de reprendre la discussion au point où s'arrête la science, où s'arrête la psychologie. L'*Examen* de M. Flourens est plutôt psychologique et moral ; ces réflexions sont plutôt métaphysiques et religieuses. Insérées en partie dans un recueil voué à la défense des principes catholiques, un savant prélat romain, Mgr de Luca, leur a fait l'honneur de les reproduire dans les *Annales des Sciences Religieuses* de Rome.

Une telle approbation eût suffi pour nous encourager à livrer cet opuscule aux hasards de la publicité.

PRÉFACE.

—

On disait d'un philosophe du dix-septième siècle, La Mothe le Vayer : « Il fait le dégât dans les bons livres. » L'on peut de nos jours renouveler contre la phrénologie cette accusation de plagiat et de désordre. Elle aussi « fait le dégât dans la science de l'homme, » de l'homme physique comme de l'homme moral. Etrange doctrine, et dont la fortune est encore plus étrange ! « Gall et Spurzheim, dit un de leurs plus savants contradicteurs, ont oublié de placer la CURIOSITÉ parmi leurs facultés primitives (1). » C'est qu'ils établissent leurs spéculations sur un fonds plus favorable encore : le fonds maudit et dépravé de l'homme. Cependant l'étoile de la phrénologie semble pâlir aujourd'hui ; ses publications périodiques sont éteintes, et les sociétés qui la propageaient activement, dissoutes pour la plupart. Mais les fausses opinions qu'elle a semées vivent encore dans beaucoup d'esprits ; car l'Erreur ne meurt pas et n'est pas destinée à mourir en ce monde ; elle vit par sa lutte contre la vérité, elle vit de la vérité même qu'elle combat. Éternelle ennemie, il faut lui opposer une éternelle vigilance ; elle n'a pas de meilleure alliée que la sécurité de ses adversaires. Repoussée sur un point, elle change le terrain de l'action ; repoussée sur tous, elle se replie,

(1) M. Flourens. *Examen de la Phrenologie. In fin.*

se transforme et reparaît à certaine distance sous quelque nom nouveau. Elle fuit, poursuivez-la sans relâche; elle est abattue, tenez-vous sur vos gardes; elle est morte, elle est anéantie, défiez-vous de cette mort, dissipez ces cendres où vit, n'en doutez pas, quelque germe funeste.

C'est donc l'erreur, ennemie de l'homme, ennemie de sa foi et de ses espérances, que nous voulons flétrir encore dans sa forme la plus immorale et la plus abjecte.

Que si ce résumé des principales attaques dirigées contre la phrénologie démontre brièvement qu'elle n'existe, comme science physiologique, qu'à la condition d'établir à titre de faits les plus gratuites hypothèses; comme science psychologique, qu'à la condition de s'attribuer hardiment les résultats dès longtemps obtenus par l'observation intérieure; que sa méthode physiologique est une erreur, et sa méthode psychologique une infidélité; qu'enfin elle n'invoque l'erreur et l'infidélité que pour autoriser les conséquences les plus effrénées, il sera bien évident que la phrénologie n'est rien, — rien qu'un chapitre cynique dans l'histoire des systèmes matérialistes.

DU

MATÉRIALISME PHRÉNOLOGIQUE.

I

EXPOSÉ.

De tout temps on s'est appliqué à découvrir dans l'homme apparent l'homme intérieur qui se dérobe. On a voulu surprendre sous l'enveloppe charnelle dont il est revêtu, cet agent qui ne peut être ni touché, ni vu, ni compris (1); on a voulu atteindre le « siége » du principe invisible, comme si l'invisible, l'incorporel pouvait affecter une

(1) Expressions de Lactance. *Voyez* l'Épigraphe.

place, un lieu! On a voulu pénétrer le secret de l'union entre la matière et la force, entre les organes et l'intelligence; comme si la matière destituée de la force était capable de répondre; comme si ce secret de la vie, que la vie seule pourrait manifester, allait sortir du sein même de la mort! La philosophie s'est épuisée en conjectures inutiles; l'anatomie et la physiologie, vainement consultées, n'ont répondu que par l'aveu de leur impuissance. La science humaine s'est agitée et le mystère demeure.

En 1779, dans une lettre adressée au professeur Malacarne, qui confessait l'insuffisance des moyens anatomiques pour obtenir quelque lumière sur l'organe présumable de l'âme et de l'intelligence, sur l'existence d'un SENSORIUM, le célèbre Ch. Bonnet écrivait ces paroles remarquables :

« Vos preuves et vos réflexions me confirment ce que mon illustre ami Haller m'avait écrit à ce sujet (1)... Loin de converger vers un centre commun ou vers une partie unique, vous m'apprenez que les nerfs des sens divergent au contraire à mesure qu'ils s'enfoncent dans le cerveau et qu'ils tendent conséquemment à y occuper plus d'espace... Il faudra donc dire que l'âme est pré-

(1) Au sujet de l'opinion de La Peyronie, qui plaçait le siége de l'âme dans le *corps calleux*, Haller écrivait à Ch. Bonnet (le 22 janvier 1771) : « Si la philosophie favorise une partie unique, siége de l'âme, il est sûr que l'anatomie est muette là-dessus. »

sente à sa manière aux extrémités de tous les nerfs. Et il ne faudrait pas objecter que l'âme occuperait ainsi une assez grande place dans le cerveau, car une substance simple ne saurait avoir de rapport physique avec l'étendue matérielle ; mais une substance simple peut posséder une force secrète, en vertu de laquelle elle agit à la fois par différents nerfs, etc....... Resterait pourtant à savoir, relativement au cerveau, si, après avoir divergé, les nerfs ne viennent point enfin à converger quelque part ou à communiquer leurs impressions à quelque partie déterminée, qui serait ainsi un SENSORIUM ? Mais comment espérer de pouvoir suivre jusqu'au bout les dernières ramifications des nerfs ?.... Ici peut-être se trouve le plus profond mystère de la création terrestre. Jamais nous ne parviendrons ici-bas à nous satisfaire sur ce grand phénomène de l'union de l'âme et du corps. Précisément parce que nous sommes des êtres mixtes, nous ne saurions avoir une idée directe de la substance immatérielle ; nous n'en avons qu'une idée réfléchie (1). »

Et Bonnet conclut en disant :

« Les anatomistes ne sauraient guère se flatter de parvenir à une connaissance certaine sur un sujet si profondément caché, et dont la prodi-

(1) Cette dernière proposition demanderait des éclaircissements. Elle se sent de l'époque où régnait la philosophie de la sensation.

gieuse complication rend la recherche bien plus difficile encore (1). »

Trente ans plus tard, en 1808, quand un homme s'était élevé, qui, se jouant de toutes les difficultés, dévoilait à l'œil du corps et faisait toucher du doigt charnel, ce que la raison des siècles et le consentement unanime des Pères de la science déclarait inexplicable, incompréhensible, éternellement voilé à l'œil même de l'intelligence ; quand cet aventurier demandait hardiment à l'Institut la sanction de ses erreurs, un homme de génie, Georges Cuvier, publiait de nouveau l'impuissance des investigations scientifiques, et s'exprimait ainsi sur les travaux des docteurs Gall et Spurzheim :

« De tout ce que l'on a écrit d'après les cours de M. Gall, ses opinions sur l'anatomie du cerveau sont ce qui a été annoncé avec plus d'assurance, et cependant exposé avec moins d'étendue et de clarté..... Cette exposition passe dans le monde pour être intimement liée, et son auteur la lie en effet jusqu'à un certain point à la doctrine physiologique qu'il enseigne sur les fonctions spéciales de l'organe cérébral... »

Mais Cuvier ajoute :

« Aucun de ceux qui ont travaillé sur le cer-

(1) *OEuvr. compl. de Ch. Bonnet*, t. VII, part. II, lettre LII, p. 92, édit. in-4°.

veau, n'est parvenu à établir rationnellement une relation positive entre la structure de ce viscère et ses fonctions, même les plus évidemment physiques. Les découvertes annoncées jusqu'ici sur son anatomie, se bornent à quelques circonstances dans les formes, les connexions ou le tissu de ses parties qui avaient échappé à des anatomistes plus anciens; et toutes les fois qu'on a cru aller au delà, l'on n'a fait autre chose qu'intercaler entre la structure découverte et les effets connus, quelque hypothèse à peine capable de satisfaire un instant la raison. »

Le grand naturaliste, on le voit, n'attend pas de résultats bien importants des recherches anatomiques de Gall et de Spurzheim; quant à la valeur des inductions physiologiques et philosophiques que les auteurs de la phrénologie se croient en droit d'affirmer, l'opinion de Cuvier n'est point douteuse, et ses dénégations, quoique générales, sont assez puissantes.

« Dans les autres viscères, dit-il, la cause et les effets sont de même nature; quand le cœur fait circuler le sang, c'est un mouvement qui produit un autre mouvement; quand l'estomac réduit les aliments en chyle, c'est le calorique, c'est l'humidité, c'est le suc gastrique, c'est la compression lente du tissu musculaire de ses parois, qui réunissent leur action pour opérer à la fois une dissolution et une trituration plus ou moins forte, selon l'espèce de l'animal et la nature de ses aliments.

« Les fonctions du cerveau sont d'un ordre tout différent; elles consistent à recevoir par le moyen des nerfs et à transmettre immédiatement à l'esprit les impressions des sens; à conserver les traces de ces impressions et à les reproduire avec plus ou moins de promptitude, de netteté et d'abondance, quand l'esprit en a besoin pour ses opérations ou quand les lois de l'association des idées les ramènent; enfin, à transmettre aux muscles, toujours par le moyen des nerfs, les ordres de la volonté. »

Peut-être ici, sous l'empire du condillacisme, Cuvier ne distingue-t-il pas assez nettement dans les relations du corps et de l'âme, la spontanéité essentielle de l'âme; mais il termine par ces paroles admirables :

« Or, ces trois fonctions supposent l'influence mutuelle à jamais incompréhensible de la matière divisible et du moi indivisible, hiatus infranchissable dans le système de nos idées, et pierre éternelle d'achoppement de toutes les philosophies (1). »

— QUOMODO CORPOREA RES INCORPOREAQUE CONJUNGITUR? disait quatorze siècles auparavant saint Eucher, évêque de Lyon.

(1) *Mémoires de l'Institut*, 25 avril et 2 mai 1808, t. IX, in-4°.

Ces impérissables axiomes, proclamés de nouveau par la science et le génie, dans ce style simple et puissant comme la vérité même, ne sont-ils pas une éclatante réprobation du système qui prétend franchir l'INFRANCHISSABLE HIATUS, partage le MOI en organes, proscrit enfin l'INFLUENCE MUTUELLE et l'union au profit de la confusion et de l'anarchie? Le caractère distinctif de l'erreur comme du mal n'est-il pas de tout diviser pour tout confondre?

Depuis le temps où Cuvier écrivait son rapport, la science n'a pas changé : elle a développé ses prétentions sans communiquer ses titres. L'anatomie phrénologique est demeurée dans le même secret. Et cependant, on a beaucoup parlé de l'anatomie de Gall : c'était méprise. Gall a deux anatomies distinctes; une anatomie générale, indifférente à sa doctrine, et une anatomie spéciale, sur laquelle sa doctrine repose. En parlant de l'anatomie de Gall, on croyait, à coup sûr, parler de cette anatomie particulière, celle précisément qu'il dissimulait avec tant de soin.

En effet, ses opinions *exotériques* sur la direction générale des nerfs cérébraux, sur la matière grise et la matière blanche, sur les fibres du cerveau qu'il divise en divergentes et en convergentes, sur les circonvolutions de cet organe, etc., etc., sont parfaitement étrangères à sa doctrine. Il n'en ressort aucune preuve contre l'unité de l'intelligence, l'unité de la volonté, l'unité du moi ; et toute la psychologie de Gall n'est que la négation de cette unité.

« Deux propositions fondamentales, dit M. Flourens, constituent toute la doctrine de Gall : la première, que l'intelligence réside exclusivement dans le cerveau ;

« La seconde, que chaque faculté particulière de l'intelligence a dans le cerveau un organe propre. »

Or, de ces deux propositions, la première est aussi ancienne que la science humaine, et la seconde a toutes les apparences de l'erreur.

Depuis longtemps il est reconnu que l'intelligence a le cerveau pour organe, et que cet organe se développe partout en raison de l'intelligence.

Il y a deux mille ans, Aristote trouvait, dans les dimensions du cerveau humain, un indicateur naturel de l'élévation intellectuelle de l'homme :

« De tous les animaux, disait-il, l'homme est, à proportion de sa grandeur, celui qui a le cerveau le plus volumineux (1). »

C'est donc un fait anciennement et généralement admis ; et toutefois ce fait a-t-il bien cette signification absolue qu'on lui donne? Ce développement de l'encéphale, et notamment des hémisphères, est-il un indice suffisant? Et, dans

(1) Ἔχει δὲ τῶν ζώων ἐγκέφαλον πλεῖστον ἄνθρωπος, ὡς κατὰ μέγεθος.
De partib. animal, lib. II, c. 7.

cette hypothèse, la comparaison des cerveaux humains entre eux permettrait-elle de conclure légitimement la supériorité morale d'un homme sur un autre? J'ose en douter, je l'avoue; il me répugne de croire que la pensée relève d'une appréciation de poids ou mesure, et que l'esprit puisse s'évaluer en millimètres (1).

Mais si ce fait de la prééminence de l'entendement attachée au développement cérébral devient contestable et même faux, sitôt qu'on le pousse à une rigueur exclusive, que dire de ce système qui dissémine l'intelligence dans toutes les parties du cerveau? Localisation gratuite, que repousse le sens intime et que la science rejette.

Des expériences récentes, d'où semble se conclure avec une grande probabilité, que le cerveau même, considéré comme pur instrument, n'est pas intégralement affecté aux fonctions intellectuelles, donnent au système un puissant démenti.

« Si l'on enlève le cervelet à un animal, il ne perd que ses mouvements de locomotion;

« Si l'on enlève ses tubercules quadrijumeaux, il ne perd que la vue;

« Si l'on détruit sa moelle allongée, il perd ses

(1) « La comparaison du cerveau dans les différents individus de l'espèce humaine, non affectés de maladie et bien conformés, n'a encore fourni aucun résultat dont la philosophie puisse s'enrichir. »
OEuvres complètes de Vicq d'Azyr, recueillies et publiées par J.-L. Moreau de la Sarthe. Discours prélimin., t. VI, p. 11, in-8°.

mouvements de respiration et par suite la vie;

« Aucune de ces parties, le cervelet, les tubercules quadrijumeaux, la moelle allongée, n'est donc l'organe de l'intelligence.

« Le cerveau, proprement dit, seul l'est. Si l'on enlève sur un animal le cerveau proprement dit, ou les hémisphères, il perd aussitôt l'intelligence et ne perd que l'intelligence...

« Ce n'est donc pas l'encéphale pris en masse qui se développe en raison de l'intelligence, ce sont les seuls hémisphères. Les mammifères sont les animaux qui ont le plus d'intelligence; ils ont, toute proportion gardée, les hémisphères les plus volumineux. Les oiseaux sont les animaux qui ont le plus de force de mouvement; ils ont, toute proportion gardée, le cervelet le plus grand. Les reptiles sont les animaux les plus lents, les plus apathiques, ils ont le cervelet le plus petit...

« Le cerveau, pris en masse, l'encéphale est donc un organe multiple, et cet organe multiple se compose de quatre organes particuliers : le cervelet, siége du principe qui règle les mouvements de locomotion; les tubercules quadrijumeaux, siége du principe qui anime le sens de la vue; la moelle allongée, siége du principe qui détermine les mouvements de respiration; le cerveau, proprement dit, siége et siége exclusif de l'intelligence (1). »

(1) *Examen de la Phrénologie*, *par M. Flourens*, p. 19, 20 et suiv.

Résultats singuliers, et que Bonnet semblait pressentir, lorsqu'au sujet des expériences de La Peyronie et de ses opinions sur le *corps calleux*, il disait : « Tout le cerveau n'est pas le siége de la pensée, comme tout l'œil n'est pas le siége de la vision (1). »

Mais, chose encore plus singulière, si nous remontons aux premières années du moyen âge, nous trouvons un traité DE SPIRITU ET ANIMA, résumé de la doctrine psychologique des Pères, faussement attribué à saint Augustin, auquel l'auteur inconnu emprunte de nombreux passages, en même temps qu'il cite Cassiodore, écrivain postérieur à l'évêque d'Hippone; et dans cet ouvrage, nous lisons ces lignes assurément fort remarquables :

« La force vitale est dans le cerveau, et de là elle anime les cinq sens du corps. Elle est le principe de la voix et celui des mouvements; car le cerveau se partage en trois ventricules : l'un, antérieur, affecté au sens; l'autre, postérieur, au mouvement, etc.; le troisième, intermédiaire, organe de l'intelligence. Et c'est à juste titre que la première partie, appropriée à la perception, précède la seconde, d'où part le mouvement, comme le conseil précède l'action... Cette force vitale à la partie antérieure du cerveau, est

(1) *Essai analytique sur l'âme*, chap. v, œuvre compl., in-4°, t. IV, p. 14.

appelée fantastique ou imaginaire, parce que c'est là qu'elle reçoit les images, les espèces des objets corporels; à la partie intermédiaire, elle est appelée raisonnable, parce que c'est là qu'elle considère et juge les objets que lui représente l'*imagination* (1). » — C'est-à-dire la *perception sensible*.

Ne retrouve-t-on pas ici jusqu'à certain point les précédentes divisions de l'encéphale? Ce ventricule antérieur du cerveau, organe des sens, de la *fantaisie*, où se perçoivent les *images*; — *in quo corporalium rerum continentur imagines*, — diffère-t-il absolument des *tubercules quadrijumeaux, siége du principe qui anime le sens de la vue?* Ce ventricule postérieur d'où vient le mouvement, — *à quo omnis motus*, ne pourrait-il pas répondre au *cervelet, siége du principe qui règle les mouvements de la locomotion?* Enfin, la partie intermédiaire, *pars rationalis*, ne représente-t-elle pas les *hémisphères cérébraux, siége et siége exclusif de l'intelligence?*

Et cependant, la suite de ces expériences, ten-

(1) Vis vitalis est in cerebro, et indè vigere facit quinque sensus corporis. Jubet enim voces edere; membra movere. Tres namque sunt ventriculi cerebri. Unus, anterior, à quo omnis sensus; alter, posterior, à quo omnis motus; tertius inter utrumque medius, id est rationalis... Anterior quippè pars posteriori meritò præponitur, quia ista ducit et illa sequitur; ab istâ sensus, et ab illâ motus, sicut consilium præcedit actionem... In primâ parte cerebri vis animalis vocatur phantasticalis, id est imaginaria, quia in eâ corporalium rerum similitudines et imagines continentur... In mediâ parte cerebri vocatur rationalis quia ibi examinat et judicat ea quæ per imaginationem repræsentantur. (*De Spiritu et Animâ*, c. XXII.)

dant à concentrer dans les hémisphères du cerveau l'activité de l'intelligence, prouve aussi que jusqu'à certain point l'intelligence est indépendante de cet organe; car on peut retrancher de plus d'une manière une certaine étendue des hémisphères sans que l'intelligence disparaisse. Donc, l'intégrité de ces hémisphères n'est pas une condition essentielle à l'exercice de l'intelligence. Donc, il faut exclure, quand il s'agit de l'activité de l'âme, toute idée de résidence, toute idée de lieu.

« La découverte de l'origine des nerfs, dit excellemment Bonnet, a conduit à placer l'âme dans le cerveau. Mais, comme il n'y a que les corps qui aient une relation proprement dite avec le lieu, nous ne dirons pas que l'âme occupe un lieu dans le cerveau, nous dirons que l'âme est présente au cerveau, et par le cerveau, à son corps, d'une manière que nous ne pouvons définir (1). »

Ainsi, d'une part, les belles expériences de M. Flourens sont une forte présomption de l'immatérialité du principe intellectuel et moral, et, de l'autre, elles accablent les chimériques localisations de la phrénologie.

Car, « à mesure que le retranchement (des hémisphères) s'opère, l'intelligence s'affaiblit et s'éteint graduellement; et, passé certaines limites, elle est tout à fait éteinte. Les hémisphères cérébraux concourent donc par leur ensemble à l'exercice plein et entier de l'intelligence.

(1) *Essai analyt. sur l'âme*, ch. v, œuvr. compl., in-4°, t. VI, p. 13.

« Enfin, dès qu'une sensation est perdue, toutes le sont : dès qu'une faculté disparaît, toutes disparaissent.

« Il n'y a donc pas de siéges divers pour les diverses facultés, ni pour les diverses sensations. La faculté de sentir, de juger, de vouloir une chose, réside dans le même lieu que celle d'en sentir, d'en juger, d'en vouloir une autre, et conséquemment cette faculté essentiellement une, réside essentiellement dans un seul organe.

« L'INTELLIGENCE EST DONC UNE (1). »

Conclusions parfaitement identiques à celles que nous retrouvons encore dans le *Traité de l'Esprit et de l'Ame*, énoncées en ces termes :

« L'âme est invisible et incorporelle. Si elle était visible, elle serait corporelle ; si elle était corporelle, elle serait divisible ; elle aurait des parties et ne serait pas tout à la fois en un seul lieu. Aucun corps ne saurait ni toucher ni être touché tout à la fois tout entier ; mais l'âme dans tous ses mouvements, dans tous ses actes, est tout entière. Toute elle voit, et toute elle se souvient de ce qu'elle a vu ; toute elle odore, et toute elle se rappelle les odeurs ; toute elle goûte et distingue les saveurs par la langue et le palais, etc. Ainsi, elle est toute yeux, toute oreilles, toute mémoire ; quand toute entière elle veut, elle est toute volonté ; quand toute entière elle

(1) *Examen de la Phrénologie*, p. 23.

pense, elle est toute pensée ; quand toute entière elle aime, elle est toute amour. Car elle peut n'aimer, elle peut ne penser qu'à demi (1). »

« L'âme, dit saint Jean de Damas, est liée tout entière à tout le corps et non partie à partie ; et elle n'est pas contenue par lui, mais elle le contient, comme le feu pénètre le fer, et dans ce corps elle développe ses propres puissances (2). »

Quand Haller *prouvait* que la sensation n'a pas lieu dans l'endroit où un objet touche le nerf, dans l'endroit où l'impression a lieu, mais dans le cerveau, il n'avançait rien que de conforme à la doctrine des anciens psychologistes chrétiens, tous unanimes à reconnaître l'unité sympathique du principe sensible et intellectuel.

« L'âme, dit Claudien Mamert, ne réside point par parties dans les diverses parties du corps ; ce

(1) Invisibilis et incorporea est anima : si enim visibilis esset, corporea esset. Et si corporea esset, partibilis esset, et partes haberet, neque tota simul in uno loco esse posset. Nullum enim corpus aut simul tangi totum potest, aut simul tangere totum potest. Anima verò in quibuscumque motibus suis vel actibus tota simul adest. Tota videt, et tota visorum meminit. Tota odorat, et tota odores recolit ; tota per linguam et palatum sapores sentit et discernit... Tota est visus, tota est auditus, tota meminit ; et cùm tota meminit, tota est memoria. Cùm tota vult, tota est voluntas ; cùm tota cogitat, tota est cogitatio ; cùm tota diligit, tota est dilectio. Potest namque ex parte cogitare et ex parte diligere. (*De Spiritu et Animâ*, c. XIX.)

(2) Ἡ δὲ ψύχη συνδέδεται τῷ σώματι ὅλῳ καὶ οὐ μέρος μέρει. Καὶ οὐ περιέχεται ὑπ' αὐτου, ἀλλὰ περιέχει αὐτὸ, ὥσπερ πῦρ σίδηρον καὶ ἐν αὐτῷ οὖσα τὰς οἰκείας ἐνέργειας ἔνεργει. (*Joan. Damasc.*, *de Fide orthod.*, l. III, c. II.)

n'est point une partie de l'âme qui sent par l'œil et une autre qui anime le doigt; l'âme tout entière vit dans l'œil et voit par l'œil; l'âme tout entière anime le doigt et sent par le doigt (1). » — « Son infusion au corps est telle, qu'elle ne se divise point suivant les proportions des membres : car tout entière elle souffre d'une lésion partielle du corps. Une par nature, multiple dans ses actions et ses modifications; ce n'est pas l'œil qui voit, ce n'est pas l'oreille qui entend, ce n'est pas la main qui touche, c'est l'âme ou l'intelligence qui touche par la main, qui entend par l'oreille, qui voit par l'œil, etc... Les propriétés de l'âme sont diverses, l'AME EST UNE (2). »

« De quoi donc, s'écrie l'auteur anonyme d'un *Traité sur l'homme* (3), de quoi s'est-on avisé, depuis quelques années, de dire que les anciens n'ont pas bien pensé, ni parlé avec assez de circonspection, quand ils ont dit que comme Dieu est partout, tout dans le général, tout dans le particulier (4), » de même, l'âme est tellement

(1) *Claudiani Mamerci, de Naturâ Animæ*, l. III, c. II.

(2) Sic infusa est corpori ut non per membrorum partes partibus sit divisa. Nam in quolibet loco pars corporis percutitur, tota dolet. Miro autem modo, unâ eâdemque vivificatione membris præsidens, cùm ipsa per naturam non sit diversa, per corpus tamen agit diversa. Ipsa quippe est quæ per oculos videt, audit per aures, per membra omnia tangit. (*De Spiritu et Animâ*, c. XXXV.)

Omnia ista una anima est : proprietates quidem diversæ sub essentiâ unâ. (*Ib.* c. XIII.)

(3) *Traité sur l'Homme, IIe proposition*. Paris, 1714, in-4°, p. 123.

(4) Non corporalibus locis Deus continetur. Adest ubique et totus

toute présente au corps, qu'elle est tout affectée d'une affection partielle du corps, que, quand le pied souffre, aussitôt l'œil y regarde, la langue en parle et la main s'en approche (1). D'où vient ce prompt secours des autres parties, étrangères à cette douleur locale? c'est que toute l'âme ressent cette douleur, et pour être, en quelque sorte, toute présente à l'organe blessé, elle ne se retire pas des autres organes dont elle détermine la sympathie et le concours au soulagement d'une souffrance qui, physiquement, ne les touche point. C'est l'omniprésente unité de la force sensible et intelligente, qui est le principe de la fraternité et de la solidarité de tous les organes.

ubicumque est, non pro parte usquam est, sed in omnibus omnis est... Ubique est modo animæ incorporalis, quæ in membris omnibus diffusa, singulis quibusque partibus non abest.

Hilar. in ps. 118, v. 151.

(1) Partis corporis passionem tota sentit, nec in toto tamen corpore. Cùm enim quid dolet in pede, advertit oculus, loquitur lingua, admovetur manus... Illud tota sentit anima quod in particulâ fit pedis.

Aug. de Immortal. Anim., cap. XVI. *Fin.*

II

OBJECTIONS MORALES CONTRE LE SYSTÈME DE GALL.

C'est une étrange mystification que la renommée philosophique du docteur Gall. Il est d'autant plus célèbre que sa doctrine est moins approfondie, d'autant plus populaire que ses livres sont moins étudiés. Et cependant il ne s'agit ni d'étudier, ni d'approfondir, il suffit d'ouvrir son grand ouvrage pour tomber sur vingt propositions où l'odieux ne le dispute qu'à l'absurde. Toutes les erreurs de l'esprit, tous les mauvais instincts du cœur ralliés à grand bruit autour de cet homme, ont plutôt encore popularisé son nom que ses écrits, et fort heureusement pour lui l'ombre favorable où sa véritable doctrine semblait se retirer, a permis de mettre sur le compte de ses partisans les monstrueuses aberrations qu'elle renferme. Aujourd'hui même combien de gens abusés se font un scrupule de le rendre responsable de ses propres enseignemens? combien cherchent à l'absoudre des conséquences impies trop légitimement déduites de ses principes? — Eh quoi! vous voulez condamner un philosophe qui a trouvé dans le cerveau et inscrit sur le crâne humain l'organe de la vénération, de la conscience, du sentiment religieux! — Mais en vérité après tout ce que l'on a dit et écrit sur ce sujet, un mot suffit pour rappeler quelle morale et quelle religion Gall pourrait nous faire.

Être ou n'être pas, telle est aussi la question pour la phrénologie; être quelque chose d'immoral, d'odieux, de ridicule, ou n'être pas.

Il faut choisir.

Ou la doctrine de Gall est un système de matérialisme et de fatalisme, ou elle n'est rien.

Ou cette doctrine reconnaît dans l'homme une force primitive, simple, active, spontanée, un moi libre et volontaire, substance de tous ses modes, cause de tous ses actes, qui vit dans tous ses organes, qui les vivifie tous; et alors elle n'existe plus à titre de philosophie particulière, elle n'est plus rien que de très-ordinaire et de très-connu ; ou elle fait du moi un pêle-mêle de facultés et d'instincts confus, représentés par des organes qu'elle multiplie arbitrairement ; et alors elle est quelque chose : — un système particulièrement abject, particulièrement absurde, particulièrement cynique; mais enfin elle est quelque chose.

Cette alternative, sans doute, l'offense; sans doute elle veut être à d'autres conditions. Soit : qu'elle démontre donc la pureté, la droiture, la moralité d'une psychologie qui ensevelit la personne humaine dans la chair et dans le sang!

Tout système psychologique qui ne pose pas le moi comme principe simple, indivisible, distinct des organes, ne voit plus dans le moi qu'une association tumultueuse de penchants, d'instincts sans règle, de facultés aveugles; qu'un résultat obscur de forces vitales et organiques, et par conséquent détruit l'intelligence, la volonté, la liberté, l'homme enfin.

Que la phrénologie démontre donc qu'elle ne confond pas la personne avec l'organisme, qu'elle ne fait pas de l'homme le produit de son organisation, qu'elle ne divise pas le moi en autant d'entités individuelles qu'elle découvre ou croit découvrir d'organes et de facultés ; qu'elle démontre cela, ou sinon qu'elle se charge de la responsabilité de ces incroyables paroles de Gall :

« Toutes les facultés intellectuelles sont douées de la faculté perceptive d'attention, de souvenir, de mémoire, de jugement, d'imagination (1). »

Ainsi, il est donc vrai, chaque faculté, selon la phrénologie, perçoit, se souvient, juge, imagine, compare ; — chaque faculté raisonne : « une suite de comparaisons et de jugements, dit Gall, constitue le raisonnement. » — Chaque faculté est donc une intelligence.

« Il y a, dit Gall, autant de différentes espèces d'intellect ou d'entendement qu'il y a de facultés distinctes... Toute faculté particulière est intellect ou intelligence... CHAQUE INTELLIGENCE INDIVIDUELLE a son organe propre (2). »

CHAQUE INTELLIGENCE INDIVIDUELLE ! L'expression est-elle assez claire? Ici peut-être pourrait-on demander : quand l'une de ces intelligences est en exercice, que deviennent les autres intelligences? Quel est alors le mode de leur action? Que devient leur vie propre? Cette vie continue-t-elle à se développer, ou bien demeure-t-elle suspendue? Mais, d'une part, pourrait-elle continuer son action sans troubler l'intelligence dont l'action doit être dominante, et, d'autre part, est-il possible d'admettre une interruption, une lacune dans une existence intellectuelle? — Simple ! que dis-je? on trouvera bien un organe de *somnolence* pour assoupir les facultés incommodes.

Gall définit la raison : « Le résultat de l'action

(1) Tome IV, p. 328. Cit. par M. Flourens.
(2) Tome IV, p. 336 et 341.

simultanée de toutes les facultés intellectuelles. » Il définit de même la volonté : « Le résultat de l'action simultanée des facultés intellectuelles supérieures. » Il croit donner satisfaction au sentiment que l'homme a de sa liberté, en disant : « La liberté morale n'est autre chose que la faculté d'être déterminé et de se déterminer par des motifs (1), » comme si la liberté morale pouvait être autre chose qu'un mot vide de sens, quand la notion du bien et du mal est supprimée.

Il croit donner satisfaction au sentiment qui entraîne l'homme vers un Dieu principe et fin, créateur et conservateur de tous les êtres en logeant cette grande idée de la cause absolue, de l'Être infini, dans une petite saillie du cerveau dont il fait l'organe de la vénération! « On ne peut douter, dit-il, que l'espèce humaine ne soit douée d'un organe au moyen duquel elle reconnaît et admire l'auteur de l'univers (2). » Mais, ajoute-t-il (3), « le climat et d'autres circonstances peuvent entraver le développement de la partie cérébrale au moyen de laquelle le Créateur a voulu se révéler au genre humain. » Blasphème extravagant qui révolte à la fois la conscience et la raison!

Quoi! Dieu veut se révéler au genre humain au moyen d'un organe cérébral et tous les hommes

(1) Tome II, p. 100.
(2) Tome IV, p. 271.
(3) Tome IV, p. 252.

n'en sont pas également pourvus! Et il subordonne l'existence même de cet organe à l'influence du climat et d'autres circonstances! Il fait des climats et des circonstances qui contredisent ses volontés! Donc il ne veut pas ce qu'il fait, ou il ne peut pas ce qu'il veut! — « Gall, dit M. Flourens, renverse la philosophie ordinaire, et, chose qu'il faut bien finir par faire remarquer, sa philosophie qu'il croit si neuve, n'est à la lettre que ce renversement même... Gall renverse la philosophie ordinaire, et puis il veut que les conséquences de la philosophie ordinaire subsistent. Il supprime le moi, et veut qu'il y ait une âme; il supprime le libre arbitre, et il veut qu'il y ait une morale. Il ne fait de l'idée de Dieu qu'une idée relative et conditionnelle, et il veut qu'il puisse y avoir une religion. »

Gall sans doute n'est pas assez mauvais logicien pour vouloir sérieusement les conséquences, quand il détruit les prémisses; mais Gall est de mauvaise foi. Il est comme un homme qui, après avoir miné sourdement un édifice, s'étonnerait ensuite avec les curieux de la ruine qu'il aurait faite.

Rien n'est comparable à la stoïque impassibilité d'un phrénologiste. L'odieux ne l'arrête pas plus que le ridicule. — « Imaginons, dit Gall, une femme dans laquelle l'amour de la progéniture soit peu développé; si malheureusement

L'ORGANE DU MEURTRE est développé en elle (1). » « Ces derniers faits nous montrent, ajoute-t-il, que ce *penchant* détestable (au meurtre!) a sa source dans l'organisation (2). »

Voilà donc le crime inné à l'homme. Tant il est vrai qu'on ne peut ruiner le libre arbitre sans revenir aux monstruosités manichéennes. Le mal est une réalité, une substance, une nature. Ce n'est plus l'homme qui pèche, mais une entité mauvaise, qui est en lui, indépendante de sa volonté.

Rien n'est plus étrange que l'effronterie de ce système, si ce n'est la morale que Gall croit pouvoir en tirer.

« Que ces hommes si glorieux, s'écrie-t-il pompeusement, qui font égorger les nations par milliers, SACHENT QU'ILS N'AGISSENT POINT DE LEUR PROPRE CHEF, QUE C'EST LA NATURE QUI A PLACÉ DANS LEUR COEUR LA RAGE DE LA DESTRUCTION (3). »

Eh quoi! grand philosophe, ne voyez-vous pas que votre prédication fournit une admirable excuse à ces hommes que vous prétendez flétrir? ne voyez-vous pas avec quel empressement ils déchargent leur volonté de ces penchants où ils trouvent leur volupté? QU'ILS SACHENT! J'admire la plaisante solennité de ce : QU'ILS SACHENT! —

(1) Tome III, p. 155.
(2) *Ibid.* p. 213.
(3) *Ibid.* p. 249.

Qu'ils sachent !... quoi?... — que n'étant pas libres d'être meilleurs, ils sont fort excusables d'être pires ! — Qu'ils sachent que ce n'est pas eux, mais la nature qui verse par leurs mains des torrents de sang !

Désormais l'homme déchire sa proie et dort (1) !

Dans cette confusion obstinée de l'homme avec

(1) Un médecin, M. Lélut, a eu cependant le courage de réhabiliter l'*instinct carnassier*, le *sens du meurtre*.

« Ce fut, dit-il, presque un concert de malédictions contre le *philosophe* (Gall) qui avait osé proposer l'admission d'une *pareille faculté* dans la psychologie. (Le sens du meurtre une faculté !) — Assimiler l'homme aux animaux carnassiers, au loup-cervier, au tigre, à l'hyène, en faire un meurtrier, un *incendiaire*. — (*Incendiaire* comme un loup, comme un tigre, locution nouvelle) : il y avait là *presque* de l'immoralité. — (*Presque* est indulgent, il est aussi légèrement badin et spirituellement moqueur.) Et les opposants qui *tenaient un pareil langage* (comme ce style est logique !) ne s'apercevaient pas ou ne voulaient pas s'apercevoir que tout ce qui les entoure n'est qu'une scène de carnage ou de destruction dont ils sont eux-mêmes les principaux auteurs (avant Gall et M. Lélut, on croyait ne vivre que de sucre). — Que l'*herbe des champs est dévorée par la brebis* (l'expression devient vigoureuse !), *qui est* dévorée par le loup, *qui est* (*bis repetita placent*) tué par l'homme, *qui* se détruit et *se dévore* lui-même (l'anthropophagie est aux yeux du docteur un état de nature). Que nos festins, nos plaisirs... notre gloire guerrière, tout cela n'est que du sang, *que nos lois en sont imprégnées* (éloquent !), *c'était une honte que tant d'inconséquence*. (Il est bien plus glorieusement conséquent de dire que l'homme verse le sang parce qu'il a l'instinct du meurtre !). — Il fallait bien avouer qu'on n'y avait pas vu clair : l'*instinct passa* (où l'instinct passa-t-il ?), et il fut bien constaté (où constaté ?) que pour la conservation de l'espèce comme pour celle de l'individu, ce n'est pas assez de la mort naturelle, et que la mort violente est aussi une institution de la nature. » (*Qu'est-ce que la phrénologie?* p. 261, 262.)

C'est un médecin d'aliénés qui a écrit cette page immonde. Il se présente, dit-on, à l'Académie des sciences morales. Quand on a eu l'appareil charnel dont il est revêtu, sens, instincts, facultés, rien ne se peut plus distinguer; ou plutôt, tout se réduit à des sens : sens externes, sens internes; et, par une trompeuse analogie, de l'indépendance réciproque des sens externes on conclut à l'indépendance des sens internes.

— Confusion grossière! Conclusion ridicule!

— Gall ne voit pas que cette prodigieuse multitude de témoignages fournis par les sens externes est soumise intérieurement à un critérium commun, et c'est précisément ce critérium dont l'unité peut seule assurer le contrôle rationnel de tant d'impressions différentes, qu'il partage en autant de fonctions indépendantes et qu'il appelle *sens internes !*

Quand on est capable de confondre ainsi l'Impression phénomène purement physique, avec la Perception acte purement intellectuel, il devient logiquement impossible de distinguer l'âme du corps, l'homme de la brute. Désormais l'homme ne gravit avec orgueil les hautes régions du pouvoir ou de l'intelligence qu'en vertu de l'instinct qui attache le chamois aux lieux élevés. L'homme qui dirige une armée n'est plus qu'un loup qui court à la tête d'une bande affamée! etc.

le cœur de réhabiliter avec une telle puissance de style et de pensée l'*Instinct carnassier*, il est évident qu'on ne doit plus douter de rien.

stupides impertinences que Gall a littéralement enseignées (1).

Ainsi, l'homme n'est plus une force, il n'est qu'un résultat; l'homme n'est plus une cause, il n'est qu'un effet; l'homme n'est plus une intelligence, il n'est qu'une mécanique dont les ressorts expriment des pensées et des instincts, aussi fatalement que l'horloge marque les heures; il n'a pas plus que l'horloge la volonté des mouvements qu'il produit, l'intelligence de l'idée qu'il énonce; à peine serait-il possible de lui accorder quelque sentiment vague des phénomènes qui se passent en lui! Eh quoi! Gall et ses disciples seraient-ils assez aveugles pour ne pas voir que la multiplicité des intelligences est la confusion de l'intelligence, que la multiplicité des personnes est la négation de la personne, et qu'en un mot, s'il y a autant d'intelligences et de personnes qu'il y a d'organes et de facultés, il n'y a plus ni intelligence, ni personne?

Non, l'erreur n'est pas aveugle à ce point. C'est

(1) « Sous le nom de *Facultés fondamentales*, dit M. Flourens, Gall mêle tout, les passions, les instincts, les facultés intellectuelles. Ces facultés qui sont la base de sa philosophie, il ne sait pas même comment les nommer. Il les nomme *instincts*, *penchants*, sens ou *mémoire*, etc. Il y a la mémoire ou le sens des choses, la mémoire ou le sens des personnes, etc. Il confond l'instinct qui porte certains animaux à vivre sur les lieux élevés avec l'orgueil, sentiment moral de l'homme. » — « L'instinct carnassier avec le courage. » — « Il croit que la conscience (la conscience qui est l'âme même qui se juge) n'est que la modification d'un sens particulier, du sens de la bienveillance. »

Examen de la Phrénologie, p. 49.

la volonté qui plonge dans les ténèbres : on se fait la nuit que l'on aime. On n'entreprend pas sur l'homme sans entreprendre sur Dieu; on n'entreprend pas sur la liberté humaine, sans entreprendre sur la Providence; on n'entreprend pas sur l'unité, sur le moi humain, sans entreprendre sur l'unité, sur la personne divine.

Gall sait assurément ce qu'il veut, et il va où il veut.

III

OBJECTIONS SCIENTIFIQUES.

C'est sur cette malheureuse confusion de l'Impression, qui est multiple, avec la Perception, qui est une, que s'appuie la psychologie de Gall; ôtez cette base erronée, tout le système s'écroule.

Erreur psychologique, et partant erreur morale, le système de Gall est nécessairement, au même degré, erreur scientifique. Car, la vérité est une, et ne saurait être divisée contre elle-même.

A Dieu ne plaise que jamais erreur de Conscience soit vérité de Science.

La science forte et grave s'accorde avec la morale et la vraie philosophie pour accabler les théories de Gall.

Toute sa doctrine, toute la phrénologie repose sur les ORGANES DU CERVEAU. Sans organes cérébraux distincts, point de facultés indépendantes; sans facultés indépendantes, point de phrénologie, et ni Gall, ni aucun phrénologiste, ne nous apprend ce que c'est qu'un organe cérébral.

Laissons ici la parole à M. Flourens.

« En psychologie, Gall veut prouver que les facultés de l'âme ne sont que des sens internes; en anatomie, il veut prouver que les organes des facultés de l'âme ne font que répéter et reproduire les sens externes.

« Deux substances composent, comme on sait, l'appareil nerveux : la *substance grise* et la *substance blanche* ou *fibreuse*. Or, selon Gall, de ces deux substances l'une produit l'autre; la substance grise produit la substance blanche.

« Cela posé, partout où il y aura de la substance grise, il naîtra de la substance blanche, c'est-à-dire des *fibres nerveuses*, des *filets nerveux*, des nerfs. Tous les nerfs des corps naissent ainsi. Les nerfs spinaux naissent de la matière grise qui est dans l'intérieur de la moelle épinière; les nerfs cérébraux, de la matière grise qui est dans l'intérieur de la moelle allongée.

« Or, les nerfs du corps sont les *organes des sens.* Le cerveau, le cervelet, qui sont les *organes des facultés*, naîtront donc comme les nerfs. Le cerveau naîtra de la matière grise des *éminences pyramidales;* le cervelet, de la matière grise qui entoure les *corps restiformes.*

« D'un autre côté, chaque fois qu'un nerf traverse une masse de matière grise, il en reçoit de nouveaux filets nerveux, et c'est ainsi qu'il croît et se développe. Le cerveau et le cervelet ne manqueront donc pas de croître et de se développer de même. Les faisceaux primitifs du cervelet (les corps restiformes) croîtront par les filets que leur donnera la matière grise du *corps ciliaire;* les faisceaux primitifs du cerveau (les éminences pyramidales) par les filets que leur donnera d'abord la matière grise du *Pont de Varole*, puis celle des *couches optiques*, puis celle des *corps cannelés*, etc.

« Enfin, de même qu'un nerf des sens s'épanouit en se terminant, et forme, par cet épanouissement, l'organe du *sens externe*, de même les faisceaux primitifs du cerveau et du cervelet s'épanouiront en se terminant, et formeront par cet épanouissement les *organes des sens internes :* les lobes du cervelet et les hémisphères du cerveau (1).

« Origine, développement, structure, mode de terminaison entre les organes des facultés de

(1) Gall, t. I, p. 818.

l'âme et les organes des sens externes, tout est donc semblable, tout est donc commun. Et pourtant la première difficulté reste toujours.

« Quand je dis un *organe des sens*, j'entends un appareil très-déterminé. Mais quand je dis un *organe du cerveau*, en est-il de même? Cet organe du cerveau, qu'est-ce? Est-ce un *faisceau de fibres*? Est-ce *chaque fibre en particulier*? Mais si c'est un faisceau de fibres, il y en aura trop peu, car il n'y en a pas vingt-sept, et il en faut vingt-sept puisqu'il y a vingt-sept facultés. Et si c'est chaque fibre en particulier, il y en aura trop et beaucoup trop, car il n'y a que vingt-sept facultés. Comment donc faire? Il faut faire comme Gall : dire tantôt que c'est un faisceau de fibres, et tantôt que c'est chaque fibre en particulier...

« Mais il faut encore pour la doctrine de Gall que l'anatomie du cerveau se lie à la *cranioscopie*. Aussi Gall a-t-il grand soin de placer tous ses organes à la surface du crâne.

« La possibilité de la solution qui nous occupe, suppose, dit-il, que les organes de l'âme sont situés à la surface du cerveau (1). Et en effet, s'ils n'étaient pas situés à la surface du cerveau, comment le crâne pourrait-il en porter l'empreinte? Et que deviendrait la cranioscopie? — La cranioscopie n'a rien à craindre. Gall y a pourvu. Tous les *organes du cerveau* sont placés à la sur-

(1) Gall, t. III, p. 2.

face du cerveau, et Gall ajoute : « Ceci explique le rapport ou la correspondance qui existe entre la craniologie et la doctrine des fonctions du cerveau, but unique de mes recherches (1). »

« Mais enfin, les prétendus *organes du cerveau* sont-ils situés réellement à la *surface du cerveau*, comme le veut Gall ? En termes positifs, la surface du cerveau est-elle la seule partie active de cet organe ? Voici une expérience de physiologie qui fait voir combien Gall se trompe. — On peut enlever à un animal, soit par devant, soit par derrière, soit par côté, soit par en haut, une portion assez étendue de son cerveau, sans qu'il perde aucune de ses facultés. L'animal peut donc perdre tout ce que Gall appelle la surface du cerveau, sans perdre aucune de ses facultés. Ce n'est donc pas à la surface du cerveau que se trouvent les organes du cerveau.

« Et l'anatomie comparée n'est pas moins opposée à Gall que l'expérience directe. Je ne le suivrai point ici dans le détail de ses localisations. Comment ses localisations pourraient-elles avoir un sens ? Gall ne sait pas même si un organe est un *faisceau de fibres* ou *une fibre*. Il place, par exemple, l'*instinct* de *la propagation* dans le cervelet ; ce qu'il appelle l'*instinct de l'amour de la progéniture* dans les lobes postérieurs du cerveau, et il regarde ces deux localisa-

(1) Gall, t. III, p. 4.

tions comme les plus sûres de son livre. — Quoi! le cervelet si différent par sa structure du grand cerveau, le cervelet sera un organe de l'instinct comme le cerveau? Et de plus, il ne sera l'organe que d'un seul instinct, tandis que le cerveau en aura vingt-six!

« Gall place l'*amour de la progéniture* dans les lobes postérieurs du cerveau. L'amour de la progéniture, surtout l'amour maternel, se trouve partout dans les animaux supérieurs; il se trouve dans tous les mammifères, dans tous les oiseaux: les lobes postérieurs du cerveau se trouveront donc aussi partout dans ces animaux; point du tout. Les lobes postérieurs manquent à la plupart des mammifères; ils manquent à tous les oiseaux. Gall place dans les parties postérieures du cerveau les facultés communes à l'homme et aux animaux; il place dans les parties antérieures les facultés propres à l'homme (1). D'après cela, les parties les plus persistantes du cerveau seront les parties postérieures. C'est l'inverse qui a lieu. Ce qui manque le plus tôt, ce sont les *parties postérieures;* ce qui subsiste plus longtemps, ce sont les parties antérieures.

« Si du cerveau je passe au crâne, tout ce que je dis ici prend bien plus de force encore. Comment des localisations qui n'ont point de sens pour le cerveau pourraient-elles en avoir pour le crâne?

(1) Gall, t. III, p. 79, et t. IV, p. 13.

« Le crâne, surtout la face externe du crâne, ne représente la *surface du cerveau* que d'une manière très-imparfaite. Gall le sait : « J'ai été le premier, dit-il, à soutenir qu'il nous est impossible de déterminer avec exactitude le développement de certaines circonvolutions par l'inspection de la face externe du crâne... Dans certains cas, la lame externe du crâne n'est pas parallèle à la lame interne (1). » — « Certaines espèces manquent de sinus frontaux; dans d'autres, les cellules entre les deux lames osseuses, se répartissent dans tout le crâne (2).

« Le crâne ne représente les *circonvolutions du cerveau* que par sa face interne; il ne les représente plus par sa face externe. Et pour les *fibres*, pour les *faisceaux de fibres*, il ne les représente pas même par sa face interne; car les *fibres* sont recouvertes par une couche de matière grise et les *faisceaux de fibres* sont placés dans l'intérieur de la masse nerveuse. — Gall sait tout cela, et il n'en inscrit pas moins ses VINGT-SEPT FACULTÉS sur les crânes. Tant de confiance étonne. On ne connaît rien de la structure intime du cerveau, et l'on ose y tracer des circonscriptions, des cercles, des limites! La face externe du crâne ne représente pas la surface du cerveau, on le sait, et l'on inscrit sur cette face externe vingt-sept noms; chacun de ces noms est inscrit dans un pe-

(1) Gall, t. III, p. 20.
(2) *Ibid.*, p. 20.

tit cercle, et chaque petit cercle répond à une faculté précise! Et il se trouve des gens qui, sous ces noms inscrits par Gall, s'imaginent qu'il y a autre chose que des noms! »

Voilà une argumentation puissante, décisive, sans réplique.

Ainsi, ce n'est pas de la science que naît le système, c'est le système qui se crée une science; ce n'est pas l'expérience, ce n'est pas la physiologie qui donnent à Gall le droit ou l'excuse d'une pareille doctrine; loin de là, elles lui sont ou indifférentes ou contraires. Chose étrange! c'est la méthode inspirée par l'horreur des systèmes, et qui n'admet à la preuve de la vérité, d'autre témoignage que celui de l'observation et des sens; c'est l'empirisme incrédule, poussé à ses dernières limites, qui arrive à cet inconcevable système, que dis-je? à ce roman licencieux, décousu et débridé! Gall était grand anatomiste, et Gall s'est égaré sciemment. Jaloux de faire sa cour à l'esprit d'irréligion qui dominait alors, il a voulu prêter aux préjugés à la mode l'appui d'une science illusoire; cette science fausse et coupable, il l'a imaginée pour soutenir une fausse et coupable philosophie.

Il est d'ailleurs un rapport particulier, une certaine correspondance entre les diverses théories qu'enfante la philosophie de l'esprit humain, et les révolutions qui s'opèrent dans les doctrines religieuses; en d'autres termes, les opinions relatives à l'union de l'âme et du corps et à leur mutuelle influence, reproduisent assez exactement toutes les vicissitudes des croyances relatives aux rapports et à l'union de l'homme à Dieu.

La seule psychologie véritable, la psychologie du christianisme, procédant à l'instar de sa théologie, fait de l'âme le principe vital du corps, principe moteur et recteur, qui le remplit, le contient, le meut et le gouverne; en tant qu'intelligence, en tant que verbe mental, occupant, pour ainsi dire, un siége distinct et suréminent; en tant que force vivante, tout entier présent partout et tout entier à chaque partie : ainsi l'âme est au corps, comme Dieu est à la création, sauf la distance incommensurable du fini à l'infini. « Plusieurs, dit Cassiodore, établissent la demeure de l'âme dans la tête, à la ressemblance de la divinité (s'il est permis, avec respect toutefois, de parler ainsi), laquelle ne laisse pas d'être dans le ciel, encore qu'elle remplisse tout l'univers de sa substance ineffable (1). » Et lorsque Némésius s'exprime ainsi sur les rapports de l'âme avec le corps : « L'âme, qui est incorporelle, n'est point limitée en étendue ; tout entière partout, elle anime ses yeux et son corps; il n'est point de partie qu'elle

(1) Plurimi in capite insidere manifestant, si fas est cum reverentiâ tamen dicere, ad similitudinem aliquam divinitatis quæ licet omnia ineffabili substantiâ suâ repleat, scriptura tamen cœlo insidere confirmant. (*Cassiod. De Animâ*, cap. xv. Voy. trad. de Priezac. — Voy. encore *De Spiritu et Animâ*, *pass.*)

4

éclaire, où elle ne soit tout entière présente. Elle n'est pas contenue par le corps, c'est plutôt elle qui le contient; elle n'y est pas comme dans un vase, c'est plutôt le corps qui est en elle (1). » — Némésius n'a-t-il pas une singulière ressemblance avec saint Augustin, parlant de Dieu et de son omniprésence dans l'univers? « Avez-vous besoin d'être contenu, vous qui contenez tout, puisque vous n'emplissez qu'en contenant? Les vases qui sont pleins de vous ne vous font pas votre équilibre; car, s'ils se brisent, vous ne vous répandez pas; et lorsque vous vous répandez sur nous, vous ne tombez pas, mais vous nous élevez; vous ne vous écoulez pas, mais vous nous recueillez (2). »

C'est sur cette similitude de la conduite de l'âme à l'égard du corps, et de celle de Dieu dans la création, qu'est fondée la psychologie des Pères, des docteurs des premiers siècles et du moyen

(1) Ἡ δὲ ψυχὴ ἀσώματος οὖσα καὶ μὴ περιγραφομένη τόπῳ, ὅλη δι' ὅλου χωρεῖ καὶ τοῦ φωτὸς ἑαυτῆς καὶ τοῦ σώματος· καὶ οὐκ ἔστι μέρος φωτιζόμενον ὑπ' αὐτῆς ἐν ᾧ μὴ ὅλη πάρεστιν· οὐ γὰρ κρατεῖται ὑπὸ τοῦ σώματος, ἀλλ' αὐτὴ κρατεῖ τὸ σῶμα· οὐδὲ ἐν τῷ σώματι ἐστὶν ὡς ἐν ἀγγείῳ ἢ ἀσκῷ· ἀλλὰ μᾶλλον το σώμα ἐν αὐτῇ.

(Περὶ Φύσεως Ἀνθρώπου.)

(κεφ. γ.)

(2) An non opus habes ut à quoquam contineaтis qui contines omnia, quoniam quæ imples continendo imples? Non enim vasa quæ te plena sunt stabilem te faciunt, quia etsi frangantur non effunderis. Et cùm effunderis super nos, non tu jaces, sed erigis nos; nec tu dissiparis, sed colligis nos. (*Confess.*, lib. 1, cap. 3.)

âge ; le système de l'*influence*, adopté par Euler, et l'animisme de Stahl, bien entendu, ne sont guère autre chose que cette psychologie même qui se résume admirablement en ce mot de saint Augustin : « L'âme est la vie du corps, et Dieu est la vie de l'âme : *Vivit enim corpus meum de animâ mea et vivit anima mea de te.* »

Au déisme théologique, correspond un *déisme psychologique*, pour ainsi dire, qui ne veut pas plus de l'action directe de l'âme sur le corps, que l'autre ne veut de l'intervention active de Dieu dans les choses de l'homme et du monde. C'est par l'hypothèse des *causes occasionnelles*, c'est par l'hypothèse de l'*harmonie préétablie*, fondées l'une et l'autre sur des préoccupations mathématiques dont Euler tient peu de compte, que le déisme pénètre dans les systèmes de Descartes et de Leibnitz, et rompt, au dix-huitième siècle, l'accord nécessaire de la foi et de la raison.

Le dualisme des anciens gnostiques qui, par impuissance de concevoir le fait de la création, en tant qu'ouvrage du Père inconnu, de l'Abîme invisible, jettent comme un pont entre les deux mondes, l'hypothèse du *Démiurge;* ne retrouve-t-il pas un analogue *psychologique* dans l'hypothèse du *principe vital*, principe intermédiaire entre la matière et l'esprit, qui n'éclaircit pas plus le mystère de la communication des deux substances, que le *Démiurge gnostique* n'explique celui de la création, la production du visible et du fini, par l'invisible et l'infini. La difficulté n'est-elle pas la même? Et en effet, le Créateur de la matière est corps ou esprit. S'il est esprit, pourquoi le *Pater agnostos* ne serait-il pas aussi bien que lui créateur de la matière? S'il est corps ou esprit-corps, d'où lui vient la faculté de créer? Et comment lui-même a-t-il été créé? De même, quant au principe, supposé moyen entre l'esprit et le corps de l'homme; s'il est spirituel, pourquoi le substituer à l'esprit pur et simple? S'il est corporel, faut-il le distinguer du corps, et, dans ce cas, d'où lui vient son action sur le corps? En quoi est-elle plus explicable que l'action de l'esprit pur sur la matière?

Il est enfin un *panthéisme* ou *athéisme psychologique*, qui, tour à tour, ou plutôt tout à la fois sensualiste, matérialiste, sceptique, proclame au dedans de l'homme le règne de la matière à l'exclusion de tout principe spirituel. Mais comme le principe de *cause* ne saurait disparaître de l'esprit humain, et que la matière est incapable de rendre raison de rien, la science la plus matérialiste en est venue à personnifier chaque partie, chaque organe de l'homme corporel, comme le panthéisme ou l'athéisme païen multipliait ses dieux par tous les besoins, par tous les vices, par toutes les misères de l'homme. La phrénologie, telle du moins qu'on nous l'a faite, née en ces jours néfastes, où le *paganisme philosophique* venait de couvrir la France de terreur et d'anarchie, la phrénologie n'est qu'un *paganisme interne* où l'homme tout entier, corps et âme, devient une contradiction, une erreur, un non-sens, et comme le polythéisme ancien, comme le panthéisme moderne, stupide amalgame de Dieu, de l'homme et de l'univers, elle n'est rien que la négation de l'existence, la négation de la science, l'avénement du pyrrhonisme universel, et, s'il est possible, quelque chose de pire encore.

IV.

DISSENTIMENTS ENTRE GALL ET SPURZHEIM.

A peine établie, cette science qui prétend se substituer à la religion, à la morale, pour la conduite de l'humanité, que dis-je? cette science qui veut être la raison et de la morale et de la religion, n'a pas elle-même sa raison d'être; elle se divise et dans ses principes, et dans ses classifications, et dans son langage.

La mésintelligence éclate entre Gall et Spurzheim. Ils ne peuvent s'entendre ni sur le rôle des sens extérieurs, ni sur les noms des facultés de l'âme, ni sur le nombre, ni sur la classification de ces facultés.

1° *Rôle des sens extérieurs.* — Spurzheim reproche à Gall de placer la perception dans l'organe du sens, et d'attribuer aux sens extérieurs comme à chaque faculté intérieure non-seulement la perception, mais aussi la mémoire, la réminiscence et le jugement.

Chose étrange! c'est pour une erreur particulière et secondaire que Spurzheim se sépare de Gall, et il s'accorde avec lui dans une erreur générale et capitale (1). Comme lui il conclut de l'indépendance des sens extérieurs à l'indépendance des facultés de l'âme; comme lui il soutient « qu'il y a un organe particulier pour chaque espèce de sentiment et de pensée, ainsi que pour chaque espèce de sensation extérieure (2); » comme lui il appelle les facultés de l'âme des sens internes : *Sens du coloris, du langage, des nombres*, etc.

2° *Noms des facultés.* — Spurzheim écrit les lignes suivantes : « La nomenclature doit être conforme aux facultés sans avoir égard à aucune action quelconque. Lorsqu'on attribue à un organe la ruse, le savoir-faire, l'hypocrisie, on ne fait pas connaître la *faculté primitive* qui contribue à toutes ces actions modifiées, etc. (3). »

(1) Voyez l'*Examen* de M. Flourens, p. 83.
(2) *Observations sur la Phrénologie*, p. 75.
(3) *Ibid.*, p. 125.

Cette objection renferme implicitement la réfutation complète de la phrénologie. Mais Spurzheim ne va pas plus avant; il s'arrête à propos. Singulière logique! il élève des objections partielles qui ne tendent à rien moins qu'à la ruine totale de la science, et cette science, il croit la soutenir en changeant quelques désinences de sa nomenclature. Il appelle l'*instinct de la propagation*, le *penchant au vol*, le *courage*, etc., *amativité, convoitivité, combativité*, etc., etc.; il crée des mots et croit avoir trouvé des choses; il modifie des noms et croit atteindre des facultés primitives.

3° *Nombre des facultés.* — Spurzheim se croit en droit d'établir huit facultés nouvelles, et Gall se fâche! Que dirait-il donc de toutes les évolutions que, depuis, a dû subir le cerveau humain? Que dirait-il s'il lisait vingt-neuf facultés inscrites sur le crâne d'une oie? deux facultés de plus que Gall n'en attribuait à l'homme!

4° *Classification et attributs des facultés.* — Divisant l'intelligence par le nombre des organes qu'il admet et faisant de ces organes autant d'intelligences, Gall ne forme que deux groupes de facultés : celui des facultés communes à l'homme et aux animaux, celui des facultés propres à l'homme.

Spurzheim divise et subdivise. Il admet deux ordres de facultés : facultés *affectives*, facultés *intellectuelles*. Chacun de ces ordres se divise en genres.

Le premier ordre a deux genres : facultés *affectives* communes à l'homme et aux animaux (*amativité*, *alimentivité*, *habitativité*, etc.), facultés affectives propres à l'homme (*sens de la bienveillance*, *vénération*, *fermeté*, etc.).

Le second ordre comprend trois genres : les facultés ou *sens intérieurs* qui font connaître les objets extérieurs (*sens de l'individualité*, *de l'étendue*, *de la configuration*, *de la constance*, *de la pesanteur*, *du coloris*, etc.).

Les facultés ou *sens intérieurs* qui font connaître les relations des objets en général (*sens des localités*, *de la numération*, *de l'ordre*, *des phénomènes*, *du temps*, *de la mélodie*, *du langage*, etc.).

Les facultés ou *sens intérieurs* qui réfléchissent (*comparaison*, *causalité*).

« De quel droit, demande Gall, M. Spurzheim exclut-il des facultés intellectuelles *l'imitation*, *l'esprit de saillie*, *l'idéalité* ou *la poésie*, *la circonspection*, *la secrétivité*, *la constructivité*? Dans quel sens *la persévérance*, *la circonspection*, *l'imitation* sont-elles des sentiments? Quelle raison y a-t-il de compter parmi les penchants *la constructivité* plutôt que *la mélodie*, *la bienveillance* et *l'imitation* (1)? »

« Gall et Spurzheim sont rarement d'accord sur leurs facultés : Gall ne voit dans l'espérance qu'un attribut, Spurzheim y voit une faculté pri-

(1) *Anatomie et physiologie du système nerveux*, t. III, p. xxvij.

mitive ; Gall ne voit dans la *conscience* qu'un effet de la *bienveillance*, Spurzheim y voit une faculté propre; Gall ne veut qu'un organe pour la *Religion*, et Spurzheim en veut trois : l'organe de la *causalité*, celui de la *surnaturalité*, et celui de la *vénération* (1). »

Quoi qu'il en soit, qu'il n'y ait pour la *Religion* qu'un organe ou qu'il y en ait trois, il est un *fait moral*, il est un *fait religieux* qui, dans l'une ou l'autre hypothèse, nous paraît également échapper à toute explication phrénologique :

Le *fait moral* d'un retour soudain vers le bien ou d'une chute imprévue dans le mal, déterminés souvent par un exemple, par un regard, par un mot.

Le *fait religieux* d'une *conversion instantanée* ou d'une *apostasie rationnellement inexplicable*.

Dans le premier cas, est-ce donc l'*organe de la bienveillance*, par exemple, ou bien l'*organe de la rixe*, de la *destructivité*, qui proclame sa subite indépendance?

Dans le second cas, est-ce le développement inattendu de l'*organe de la vénération*, de la *merveillosité*, ou l'affaiblissement non moins étrange des organes contraires qui délivre les localités *spirituelles* du cerveau de la domination des localités *animales* ? Et, dans l'hypothèse d'une *apostasie*, est-ce quelque saillie *surnaturelle* de l'organe

(1) *Examen de la Phrénologie*, p. 90.

de la *vanité* et de l'*orgueil* qui surgit aux dépens de l'organe de la *causalité* et de la *théosophie ?*

Et cette objection, généralisée par l'application historique, acquiert une force nouvelle. Quand un peuple, en quelques années, *brûle et adore* tour à tour ; quand il renverse ses temples, abolit son culte, et que, bientôt après, las des sophistes, il vient se rejeter dans les bras de la vérité, est-ce une question de révolution cérébrale? Tout se réduirait-il à une statistique de saillies ou de dépressions dans les organes de la *surnaturalité* ou de l'*estime de soi;* du *sentiment religieux* ou de l'*esprit caustique ?*

Nous ne croyons pas la phrénologie en mesure de donner à ce double problème une solution satisfaisante.

Mais, qu'attendre d'une science qui, après avoir proclamé une nouvelle méthode d'investigation psychologique, méthode exclusivement fondée sur l'évidence sensible, n'a plus d'autre ressource contre de pressantes objections, que de se retrancher dans l'impossibilité d'arriver à la connaissance de certaines propriétés et de certaines fonctions autrement que par l'observation et le raisonnement?

Abdiquer ainsi sa méthode, c'est abdiquer son existence propre.

Nous lisons dans le journal de Phrénologie ce curieux passage :

« Ces propriétés des circonvolutions sont comme

celles des nerfs ; *elles dépendent d'une organisation intime que personne ne peut voir. Est-ce l'aspect du nerf optique ou du nerf auditif qui vous fait comprendre qu'ils sont organisés pour percevoir la lumière et les sons? Si l'observation ne vous avait pas appris* que l'œil était destiné à la vision, et que le nerf qui se rend à cet organe était la condition principale de sa sensibilité, *auriez-vous pu parvenir à l'aide de recherches anatomiques à comprendre les véritables fonctions de ce nerf?* Eh bien ! il en est de même des circonvolutions cérébrales (1). »

On ne saurait de meilleure grâce souscrire à sa ruine.

(1) *Journal de Phrénologie*, p. 363.

V

RAPPORTS DE LA DOCTRINE ÉCOSSAISE ET DE LA PHRÉNOLOGIE.

Un livre a paru, il y a peu d'années, sous ce titre : « *Qu'est-ce que la Phrénologie?* » Mais cet ouvrage, dicté par le plus complet scepticisme, ne répond point à la question. Inventaire inintelligent des opinions philosophiques, ce résumé glisse à la surface des choses et n'a garde de conclure. Cependant, de ces pages, qui se succèdent sans ordre et sans but, ressort un aperçu curieux des similitudes que présente le système phrénologique avec la doctrine écossaise. Les Écossais seraient-ils donc les auteurs des phrénologistes? Est-ce dans leurs écrits que Gall aurait puisé la science nouvelle du cerveau? Au premier coup d'œil on serait tenté de le croire. Toutefois un savant distingué, qui a connu Gall, m'assurait dernièrement qu'il n'en était rien et que son érudition philosophique allait à peine jusqu'à savoir les noms de Reid et de Dugald Stewart. S'il en est ainsi, si, contre toute apparence, aucun commerce n'a réellement existé entre les philosophes d'Edimbourg et le physiologiste allemand, n'est-il pas bien remarquable que, de part et d'autre, des résultats analogues se produisent? Cet accord involontaire serait la plus forte condamnation de la méthode expérimentale appliquée à l'esprit humain. Comment en effet étudier par la même méthode les faits de l'ordre naturel et fatal, et les faits de conscience, de volonté et de liberté? Comment soumettre au même mode d'observation des phénomènes si différents et dans leur mode de développement, et dans leur nature, et dans leurs principes, sans arriver à de pernicieuses erreurs?

L'auteur du livre : *Qu'est-ce que la Phrénologie?* dans le parallèle qu'il établit entre les phrénologistes et les Écossais, s'exprime ainsi : « La compréhension de la psychologie n'est devenue complète, tous les élémens n'ont été embrassés que lorsque les psychologistes se sont avisés que les

AFFECTIONS ET LES PASSIONS, LES VERTUS ET LES VICES dont traitent les ouvrages de morale SONT DES FAITS DE PREMIER ORDRE, QUI DEMANDENT POUR LEUR EXPLICATION ET LEUR RALLIEMENT DES POUVOIRS OU DES FACULTÉS ÉGALEMENT PRIMITIVES, lorsqu'en un mot lès livres de facultés de l'entendement humain ont contenu à la fois et en regard les uns des autres, les faits moraux et les faits intellectuels, les FACULTÉS MORALES OU PRINCIPES D'ACTION, et les FACULTÉS INTELLECTUELLES OU PRINCIPES DE PENSÉE..., etc. » Et il ajoute : « Pour Hutcheson (le prédécesseur de Reid), ce n'est plus cette volonté abstraite, synthétique et toute libre des écoles, mais c'est le côté actif, le côté affectif, passionné, industrieux, artiste et moral de l'intelligence, l'essence en un mot et le fond de la nature humaine (1). »

Cela est assez clair. On félicite les philosophes écossais de substituer les *facultés intellectuelles* à *l'entendement*, à *l'intelligence générale*, et de rejeter *la volonté abstraite*, c'est-à-dire la volonté en tant que forme primitive, en tant que puissance universelle. Donc ce n'est plus le MOI-CAUSE, le MOI-VIVANT, que l'on étudie, et la science se réduit à dresser le catalogue de tous les faits psychologiques, non plus désormais imputables à la raison, à la liberté de l'homme, mais inhérents à sa nature; et l'on établit des groupes de facultés

(1) *Qu'est-ce que la Phrénologie?* p. 131 et 133.

affectives ou morales, ou plutôt *de sens passionnés, d'impulsions, et d'instincts, d'affections intéressées, malveillantes* ou *bienveillantes*; on admet enfin un *sens moral* reconnu déjà par Shaftesbury. « C'est bien là évidemment, ajoute encore l'auteur cité plus haut, la promulgation d'un principe nouveau en psychologie, l'activité, l'impulsion soit intellectuelle, soit surtout appétitive et morale, donnée comme caractère essentiel de la faculté. Et ce sont bien des facultés que ces sens de Hutcheson (1); des facultés dont il proclame à toute page, à toute ligne, l'*innéité*, la *cécité*, le désintéressement de tout autre motif d'action que leur activité même, à tel point qu'il ne veut pas même que le sens moral agisse par suite du plaisir seul qu'il aurait à agir. Ce qui prouve seulement toute la bonté d'âme de Hutcheson (2). »

Vertueux Hutcheson! C'est par bonté d'âme qu'il réduit tant qu'il peut l'homme à l'état de brute *moralement organisée!* C'est par bonté d'âme qu'il donne à l'homme ce *sens moral*, fatal, irrésistible comme l'instinct qui pousse le castor à bâtir!

Le système de Hutcheson reçoit de Reid un ordre et des développements nouveaux.

Reid distingue dans l'homme, I° les *facultés* purement *intellectuelles*; II° les *facultés actives*.

(1) Il serait beaucoup plus juste de dire que ces facultés sont bien des sens: nous touchons à l'organologie.

(2) *Qu'est-ce que la Phrénologie?* p. 134, 135.

I. Les *facultés intellectuelles* sont : *la perception, la conscience, la mémoire, la conception, l'appréhension, l'abstraction, le jugement, le raisonnement* et *le goût.*

Remarquez ici que *la conscience* ou *le moi* n'est nullement distinguée des autres facultés. Elle n'y tient pas le premier rang. Elle n'a droit qu'à une place dans une classification complète !

II. Quant aux *facultés actives* ou *principes d'action*, Reid les divise en trois classes :

1° Les *principes mécaniques d'action* qui se partagent en deux genres : les *instincts* et les *habitudes.*

Les *instincts* se divisent en trois classes : 1° *l'alimentation ;* 2° *la respiration ;* 3° *les mouvements de station* ou *de progression.* Reid comprend encore dans cette division deux dispositions naturelles : *l'imitation* et *la croyance.* Il retrouve dans certains animaux quelque chose de cette dernière disposition.

L'habitude, différant de l'*instinct* en ce qu'il est naturel et qu'elle est acquise, s'accorde avec lui en ce qu'elle agit comme lui indépendamment de la volonté... *Le langage articulé, l'art oratoire,* se rapportent à l'habitude (1).

2° Les *principes animaux d'action* sont les *appétits*, les *désirs*, les *affections.*

Les *appétits* agissent sur notre volonté sans aucune intervention du jugement ou de la raison.

(1) *Reid. tr. Jouffroy*, t. VI, p. 28.

Les *désirs* qui, à la différence des *appétits*, sont stimulés par une sensation agréable. Il y a aussi entre eux et les appétits la différence de la constance à la périodicité. Les désirs comprennent *le désir du pouvoir, le désir de l'estime, le désir de la connaissance.* Il y a des *désirs factices*, comme il y a des *appétits factices.*

Les *affections* sont *bienveillantes* ou *malveillantes.* Affections bienveillantes : 1° *Affections des parents pour leurs enfants. Affections de famille.* 2° La *reconnaissance envers les bienfaiteurs*, qui se retrouve à certains degrés dans les animaux. 3° La *pitié.* 4° L'*estime pour la sagesse et la bonté*, le *respect*, la *vénération*, la *dévotion*, sont différents degrés de cette affection, qui s'élève jusqu'à la Toute-Puissance, jusqu'à la Bonté Infinie. (CETTE AFFECTION SEMBLE N'ÊTRE PAS ABSOLUMENT ÉTRANGÈRE A TOUS LES ANIMAUX ! ! !) 5° L'amitié. 6° L'amour. 7° L'esprit public (1).

Affections malveillantes : 1° L'*émulation*, source de l'*envie.* 2° Le *ressentiment* ou la *colère*, nécessitée par le besoin de la *défense de soi-même* ou inspirée par la *vengeance :* dans le premier cas, *ressentiment animal;* dans le deuxième, *ressentiment réfléchi.* Reid range à la suite des affections la *passion*, la *disposition*, l'*opinion.*—LES APPÉTITS EUX-MÊMES, dit Reid, PEUVENT S'ENFLAMMER JUSQU'A LA PASSION, JUSQU'A LA RAGE, QUOIQU'ON NE LE DISE PAS COMMUNÉMENT.

(1) *Reid. tr. Jouffroy*, t. VI, p. 71.

La *disposition* réside dans l'affinité de nature des affections bienveillantes ou malveillantes, *tellement que l'action de l'une peut entraîner l'action de l'autre*, etc. On agit donc différemment suivant qu'on est de *bonne* ou *de mauvaise humeur.*

L'*opinion* influe aussi sur la conduite : *habitude intellectuelle* analogue à l'*habitude instinctive* des principes mécaniques d'action.

Reid établit enfin cette proposition fort étrange :

« Les *affections malveillantes* ne nous ont été *données par Dieu* que pour de bonnes fins, et elles ne produisent que de bons effets quand elles sont bien réglées et bien dirigées. »

3° *Les principes rationnels d'action : l'intérêt bien entendu et le sens du devoir.*

Ce simple exposé nous paraît suffisamment constater les fâcheuses ressemblances des deux systèmes. L'identité de la méthode produit l'identité des résultats.

Quand donc, soit par doute philosophique, soit par appétit de matérialisme, on refuse de poser d'abord LE MOI, comme force simple, intelligente et volontaire; on néglige ou l'on supprime la notion de CAUSE, on ne fait plus qu'énumérer et décrire des faits, *facultés* ou *organes.* On découvre des aptitudes naturelles, des instincts, des sens passionnés, un sens moral, enfin des affections bienveillantes ou malveillantes dont Dieu devient l'auteur, suivant Reid ; — pure fatalité organique ! selon les phrénologistes. Dans l'un et l'autre système, le mal est naturel à l'homme, il a une existence réelle et positive. Le manichéisme reparaît. Conséquence inévitable toutes fois qu'on ne reconnaît pas une révélation, une loi morale à laquelle l'homme a la puissance d'obéir ou de se soustraire; et cette puissance peut-elle être admise, si l'on n'affirme préalablement l'unité de la personne, l'unité de la raison et de la volonté?

L'école écossaise a le mérite de s'arrêter à propos. Mais la phrénologie vient et conclut.

L'école écossaise n'affirme pas le Moi, le Moi-Cause, l'unité spirituelle, l'école écossaise observe et doute.

La phrénologie dissèque et nie. Elle supprime le Moi, la liberté, la vie! que reste-t-il? un cerveau mort,... un cadavre; le scalpel est toute sa philosophie!

VI

DE L'INNÉITÉ DES PENCHANTS, DES APTITUDES, DES FACULTÉS AFFECTIVES ET INTELLECTUELLES.

S'il est une question qui expose au grand jour la déraison et l'immoralité du système phrénologique, c'est celle de l'INNÉITÉ DES FACULTÉS : question d'autant plus importante qu'elle seule pourrait être la partie spécieuse du système.

Mais loin de là ; dans la phrénologie, telle qu'on l'a faite, cette question même est un non-sens.

Car, si les facultés ne sont rien que des organes indépendants, constatés uniquement par leur action, dire que les facultés nous sont innées, c'est dire que les organes sont innés aux organes, que le cerveau est inné au cerveau ; c'est ne rien dire.

L'ineptie de cette proposition est évidente, et son immoralité ne l'est pas moins.

Tout développement des organes cérébraux étant admis comme naturel, normal, nécessaire, force est d'en conclure l'innéité du Bien et du Mal, ou plutôt l'innéité de l'indifférence au Bien et au Mal.

Bien et Mal sont des mots à rayer d'une langue où le libre arbitre est inconnu.

Car la liberté morale implique la loi morale. Cette loi implique l'unité de l'intelligence qui la comprend et de la volonté qui s'y conforme. La loi assigne un but à l'activité de l'homme, et la phrénologie qui détruit l'unité de l'intelligence, l'unité de la volonté, ignore le but de l'activité humaine, ou la concentre dans une fin étrangère ou opposée à tout principe moral.

Cette question de l'*innéité* est un abîme d'erreur, où la raison humaine tombe infailliblement, quand elle en approche sans s'appuyer fortement sur l'existence du libre arbitre.

Supprimer l'unité du moi, identique dans les développements divers de son activité intellectuelle ou passionnée, c'est détruire la liberté, et la volonté, c'est faire un nouvel homme, et une nouvelle science de l'homme.

Étrange philosophie, qui décompose l'homme en *instincts* (*respiration*, *alimentation*, *mouvements de station et de progression*); en *besoins* ou *appétits*, etc., sans confier aussitôt le gouvernement de cette fatalité instinctive ou organique à la raison qui règle, à la volonté libre qui commande, permet ou défend ?

Étrange philosophie, qui multiplie les facultés par les phénomènes, au lieu de simplifier les phénomènes par l'unité de la conscience qui les produit!

Étrange philosophie, qui fait des différents modes intellectuels, l'*appréhension*, l'*abstraction*, le *jugement*, le *raisonnement*, etc., autant de facultés, *sui generis*, au lieu de les comprendre comme les formes variées d'une seule et même faculté, L'INTELLIGENCE; formes plus ou moins vraies, suivant le caractère des déterminations rationnelles du libre arbitre !

Philosophie étrange et fausse, qui, acceptant, tels qu'ils se produisent, tous les *sentiments*, toutes les *passions*, les divise et les classe à titre de facultés primitives, au lieu de les considérer comme les développements d'une seule et même puissance : L'AMOUR ! On n'espère, on ne craint, on ne se réjouit, on ne s'irrite, on ne désire, on ne hait aussi, que parce qu'on aime; et la légitimité de ces passions dépend de la légitimité de l'amour. L'amour est une des puissances primitives de l'âme, et les passions ne sont autre chose que cette puissance en *action*, diversement sollicitée par les *circonstances* de la vie.

Supposer l'innéité des sentiments et des passions, c'est supposer l'innéité de l'*action* et l'innéité des *circonstances* qui la développent : supposition absurde.

Emanciper les affections ou passions, quelles qu'elles soient, de l'unité de l'amour ou du Moi-Aimant, c'est les dérober à l'empire du libre arbitre; c'est conclure à la réalité *naturelle*, à la légitimité du mal.

Les puissances primitives de l'âme se confondent dans l'unité et l'identité libre du Moi.

L'activité humaine est essentiellement une, mais la liberté en varie les développements à l'infini, et la nature des affections qu'elle détermine, assigne à ces développements leur véritable caractère.

Soit qu'il pense, soit qu'il aime, soit qu'il veuille, l'homme « est toujours dans la main de son conseil; » et celui qu'entraînent presque *irrésistiblement* de mauvaises pensées, de mauvaises volontés, d'illégitimes amours, celui-là est un être dégradé, qui, par sa honte même, accuse une prostitution primitive de la liberté humaine.

« Dieu a fait l'homme droit, » dit l'Écriture. — Il a fait l'âme intelligente, aimante, libre et inclinée au Bien, inclinée à lui-même.

Il a fait l'homme dans l'unité de l'intelligence, de la volonté et de l'amour; en communion avec son auteur, unité souveraine!

L'Unité est de Dieu, elle est Dieu.

La Multiplicité est de l'homme, elle est l'homme; l'homme coupable et déchu.

De l'abus primordial de la liberté, est venue l'*inclination* à l'erreur; le *penchant* au mal et cette dissipation héréditaire du cœur humain dans les voies multiples du mensonge et du vice.

Là gît l'insoluble problème : la transmission de la souillure originelle.

Fait incompréhensible, mais qui se perpétue sous nos yeux et que chaque jour nous atteste par des exemples.

Il y a en nous quelque chose de plus que nous-mêmes; car il est impossible de nier l'existence de certaines *aptitudes* intellectuelles ou morales, et l'influence souvent extraordinaire de certaines *dispositions* organiques.

Mais il n'est pas moins impossible d'exclure de cette *fatalité* apparente l'influence préexistante de la liberté, qui, soit en nous, soit en nos pères, est responsable d'un choix déterminé, choix dont les conséquences survivent toujours à son auteur.

Elles survivent physiquement par la transmission de la vie temporelle; elles survivent moralement par l'exemple ou l'éducation, qui est la transmission de la vie morale. — Il est des constitutions saines et il est des constitutions maladives;

au physique comme au moral, l'homme transmet la force ou la faiblesse, la santé ou la maladie. Donc, pour apprécier à sa juste valeur cette fatalité heureuse ou triste, il ne faut pas s'en tenir à la simple considération du sujet observé. Il faut atteindre plus haut. Il faut rechercher jusqu'à quel point le libre arbitre de cet homme ou celui de ses auteurs, est étranger à ce bien-être ou innocent de cette servitude; en d'autres termes, à quelles conditions et dans quelles limites peut s'admettre l'innéité des prédispositions, et quelle part d'imputabilité elles laissent à l'exercice d'une liberté antécédente; — jusqu'à quel point cette imputabilité rétroactive contredit-elle dans le présent le principe de mérite et de démérite; comment, en un mot, et dans quelle mesure la *nature* est-elle indépendante du *libre arbitre?*

Il y a là une immense question, ou plutôt il y a une science à créer. Qu'elle prenne le nom de phrénologie ou tout autre nom, elle ne peut naître que du concours sérieux, patient, légitime de la physiologie et de la psychologie, établissant leurs communes recherches sur les bases chrétiennes de l'unité, de la liberté et de la solidarité humaine.

Hors de ces principes sûrs et féconds, il ne peut y avoir que tentatives stériles ou impies.

VII

BROUSSAIS.

Avant 1830, Broussais était antiphrénologiste, et reprochait au docteur Gall :

« 1° D'isoler les penchants et les facultés dans certaines fibres nerveuses, comme des espèces d'entités, choses qu'elles ne sauraient être.

« 2° De ne pas admettre un *consensus* de tout l'appareil pour chaque phénomène intellectuel, et d'établir arbitrairement une république ontologique dans l'encéphale.

« 3° De faire agir ses organes les uns sur les autres sans le secours de ce *consensus*, quoiqu'il n'ait point d'organe régulateur, défaut qui lui a été reproché et auquel il n'a pas répondu.

« Enfin, de soutenir que les saillies de la surface du cerveau sont les indices positifs, invariables, et donnant la juste mesure des prédominances affectives et intellectuelles (1). »

Quelles circonstances transformèrent donc le docteur Broussais en partisan de la phrénologie, en disciple du docteur Gall?

S'il faut en croire le spirituel rédacteur de la *Gazette médicale*, « il fut converti à la phrénologie : 1° par la facilité qu'il trouvait à expliquer, au moyen de cette théorie, l'aveuglement de la génération contemporaine qui abandonnait sa médecine; 2° par la facilité non moins grande avec laquelle il expliquait, par le même moyen, les critiques des anatomo-pathologistes sur sa doctrine médicale, et celle des psychologistes sur sa philosophie; 3° enfin, par la découverte qu'il fit d'un développement anormal de son propre

(1) *De l'irritation et de la folie*, p. 479. « Ceci, dit le rédacteur de la *Gazette médicale*, est conséquent à l'esprit de la doctrine générale de Broussais. Pour un homme qui avait poursuivi à toute outrance, *per fas et nefas*, les fièvres, la diathèse, les virus, les génies épidémiques, les *divinum quid* de toute espèce, la force médicatrice comme des fantômes imaginaires ou des abstractions ridicules, qui avait réduit tous les phénomènes de la santé, de la maladie et de la guérison à un seul et unique phénomène appelé *irritation*, les vingt-sept entités de Gall devaient en effet paraître bien plaisantes. »

(*Gazette Médicale*, n° du 22 juillet 1836.)

crâne dans la région frontale, produit par les énormes travaux intellectuels auxquels il s'était livré à l'Académie des sciences, morales et politiques, dont il était membre; fait curieux, consigné avec tous les détails et toute la gravité désirables dans le journal phrénologique (1). »

Quels que soient les motifs de cette conversion, quoiqu'il semble fort étrange de voir le fougueux adversaire de toutes les *abstractions*, de toutes les *personnifications* médicales, se précipiter dans la *république ontologique de l'encéphale*, il y a là plutôt encore bizarrerie que contradiction. Car l'*irritation*, c'est bien aussi une affection abstraite qu'il *personnifie*, qu'il *localise*, et, après tout, la phrénologie n'est pas tellement étrangère à sa méthode, à ses habitudes scientifiques, et surtout à ses préjugés matérialistes. Là, sans doute, est le véritable charme de la phrénologie aux yeux de Broussais. Elle lui offre une thèse de fatalisme et de matérialisme à soutenir. Quelle séduction!

Il s'agit donc d'honorer l'erreur de toute sa vie, d'une dernière et publique confession; et cette erreur, il la développe encore une fois avec ce cynisme de pensée et cette âpre originalité de langage qu'on lui connaît.

Broussais donne à l'enseignement de la phré-

(1) *Gazette Médicale*, n° du 22 juillet 1836.

nologie un dernier éclat, et la phrénologie est le dernier éclat de son enseignement.

C'est surtout la *métaphysique* du système que nous allons examiner dans le COURS de Broussais.

VIII

MORALITÉ DE LA PHRÉNOLOGIE SUIVANT BROUSSAIS.

Ce COURS débute par des railleries sur l'*esprit*, sur le *moi*, sur l'*âme*, sur l'*être central intra-crânien*, etc. « Le mot *psuchè*, dit-il, présuppose un moteur, une puissance qui ne sont point accessibles à nos sens. C'est le *comment*, le *quomodo* des phénomènes physiologiques. *Nous n'avons point la prétention de saisir et de vous montrer cette force cachée; nous l'abandonnons aux croyances* (1). »

(1) *Cours de phrénologie*, p. 2.

Mais bientôt, impatient de laisser ainsi *les croyances* en paix, il s'écrie : « Eh! messieurs, *laissez agir les organes*, puisque leur action ne porte aucune atteinte à la *cause première*, et gardez-vous de croire que vous expliquez quelque chose en insérant une intelligence construite sur le modèle d'un homme dans un cerveau (1). » Celui qui parle ainsi, vient de dire plus haut : « La Perception est un *phénomène primitif*, par lequel nous sommes mis en rapport avec tous les corps de la nature, et *ce phénomène est inexplicable*; mais nous en avons la conscience, et un sentiment invincible nous force à croire à la vérité des objets perçus (2). »

Il confesse le mystère dans la production d'un phénomène; quel droit a-t-il donc de le nier dans la réalité d'une substance?

Mais si l'âme est une illusion, la morale est une chimère. Dans quel but Broussais soutient-il donc la moralité de la phrénologie?

« Il est absurde, dit-il, d'accuser cette science de favoriser l'immoralité, puisqu'elle démontre que l'homme renferme dans son organisation la source de toutes les vertus, de tous les pouvoirs moraux, capables de corriger les inclinations vicieuses (3). »

Evidemment, Broussais se moque de son au-

(1) *Cours de phrénologie*, p. 80.
(2) *Ibid.*, p. 34.
(3) *Ibid.*, p. 81.

ditoire; car est-il possible de supposer qu'il croie de bonne foi à l'influence de ces prétendus pouvoirs moraux qui ne relèvent pas d'une volonté libre et responsable? Croit-il à la liberté, à la volonté, à la moralité de l'homme, quand il le réduit à ne plus être que l'expression de sa loi physiologique? Or, cette loi, c'est le développement des forces vitales, la *sainte harmonie de l'organisme* (1). Qu'y a-t-il donc de commun entre la morale et cette loi qui n'a pas d'autre fin que la vie; entre la morale et cette vie qui n'a pas d'autre fin qu'elle-même? Quand on refait l'homme, il faut nier la morale ou la refaire.

Les difficultés sont grandes, je l'avoue : elles se compliquent ici d'absurde et d'impossible. Car cette loi même, que l'on substitue à l'âme, comment peut-elle s'accomplir?

Si pour tous les organes c'est un droit de se développer et un devoir de respecter leur développement mutuel, quelle sera la mesure de ce développement, quelles seront les limites de ce respect? chacun, sans doute, devant aspirer au plus large développement possible. Qui maintiendra l'équilibre entre toutes ces facultés devenues rivales et *antagonistes* par le fait seul de l'inégalité de leur développement? Qui maintiendra dans l'homme l'unité essentielle par laquelle nous nous sentons en tous nos organes *un* et *le même?*

(1) Expression de l'auteur de l'hygiène morale.

Est-ce la raison? est-ce la volonté? Mais, selon le physiologiste, la raison et la volonté ne sont plus que certains modes des facultés réflectives; elles ne sont plus que des phénomènes organiques. Est-ce Dieu que l'on fera présider à l'action du mécanisme humain? Mais l'on a tant de respect pour Dieu, qu'on le salue du nom de *cause inaccessible* reléguée aux derniers confins des *grands abstraits*, n'osant pas « lui attribuer l'intelligence et la volonté, de peur de l'abaisser jusqu'à l'homme (1). » Cette dévotion édifiante en fait quelque chose de moins qu'un dieu d'Epicure. Je ne vois donc plus que des organes livrés à eux-mêmes, inintelligents de leur loi ou révoltés contre elle, et toujours en vertu de cette loi, puisqu'il en sont les seuls *témoins*, les seuls promulgateurs; l'homme n'est plus qu'un système de forces matérielles fatalement sollicité en sens contraires, au hasard des directions les plus énergiques. Dira-t-on que ces différentes forces organiques se composeront, par une loi de statique naturelle, en une résultante suprême, ou organe prépondérant qui dominera sur les autres et établira l'unité? Mais cette unité laborieuse n'est pas celle dont nous avons le sentiment; mais cette composition de forces ramenées à une seule ne fera pas l'équilibre interne. Car si cet organe prédominant tend à exercer sur les autres un empire illé-

(1) *Hygiène morale*, p. 20.

gitime (et cela arrivera nécessairement), où trouvera-t-il une règle et un frein? Ce ne sera pas à l'intérieur, puisqu'il y domine. Recevra-t-il la loi du dehors? Viendra-t-il se briser avec l'organisme qu'il tyrannise contre un antagoniste supérieur? « C'est chose fâcheuse, dit Broussais, il « n'y a que l'éducation qui puisse remédier à « cette *fatalité* d'organisation (1). » Nouvelle confusion; car la puissance d'éduquer étant également dans l'agent qui la possède le résultat du développement et de la combinaison de certains organes, il en résulte que la faculté éducatrice, produit de l'organisation, est aussi une fatalité qui remédie à une autre fatalité. Quel désordre! quelles ténèbres! et nulle issue; car expliquer l'organisation humaine par les phénomènes organiques, c'est tourner sur un pivot qui ramène toujours au point de départ. Les phénomènes ou les faits ne sauraient expliquer; ils ne peuvent servir que d'induction ou de preuve à des vérités conçues ou soupçonnées *à priori*.

Or, cet ordre de vérités même est l'unique aliment des opinions coupables qui en nient la réalité et le principe. « Mais la nature crie à l'homme, mais l'organisation lui crie, etc. » L'organisation, la nature ne *crient* rien, absolument rien: c'est la parole, la *vérité parlante*, qui, illuminant la nuit de l'homme, lui a révélé ce qu'il sait

(1) *Cours de Phrénologie*, p. 303.

de la nature et de lui-même; car, entre les sens de l'homme et le témoignage de ses pensées, il y a un abîme. Il n'existe pas un rapport immédiat et nécessaire entre l'homme et ses *modificateurs;* et une propriété que je ne sache pas encore reconnue à la matière, au monde externe, c'est l'*intelligibilité.* Il a fallu une inspiration toute puissante pour déterminer ce rapport qui est la vie, comme il faut l'impulsion du doigt pour déterminer le rapport entre l'horloge et le temps. Qu'importe l'horloge au temps et le temps à l'horloge, sans le mouvement que la main intelligente imprime à l'*organe* du temps? Est-ce cet organe muet et immobile, est-ce l'horloge arrêtée qui vous dirait jamais ses rapports avec le temps? Que dis-je? cette horloge, ce mouvement, que signifient-ils, si vous n'avez à *priori* la raison et du temps et du mouvement? Est-ce cette mort organisée, ou cette organisation morte que vous faites, qui vous répondrait rien de la loi de la vie que vous lui demandez, si vous n'aviez déjà la notion d'une loi sur laquelle à votre insu vous fondez tout ce que vous niez, tout ce que vous affirmez contre elle? Le mouvement est la parole du pendule; la parole est le mouvement de la vie. C'est au mouvement que vous devez de vous élever contre le mouvement; c'est à la parole que vous devez d'aller chercher les faits par lesquels vous contrôlez l'autorité de la parole. Sans cette parole, née avant les temps et qui doit à jamais leur survivre, sans cette parole, source de toute science et de toute sagesse, jamais *le langage de chair et d'os* ne vous eût révélé cette loi de *fraternité*, de *dévouement* organique, cette nécessité « de la satisfaction modérée de chaque organe pour que nul n'exerce sur les autres une prédominance illégitime; » jamais vous n'eussiez trouvé l'homme moral dans l'homme physiologique. Et remarquez donc, en effet, que votre morale hygiénique ne dit rien de vrai (d'à demi vrai), que la morale religieuse n'ait affirmé de science et d'autorité éternelle. Seulement, cette morale nouvelle corrompt la Vérité dans son Principe, pour la réduire aux proportions d'une science étroite et d'un langage dépravé. L'étrange maxime qui recommande à chaque organe fait homme un développement modéré, une certaine abnégation de ses appétits dans l'intérêt de l'organisme, n'est-elle pas la corruption d'une vérité profondément humaine, consacrée par ces paroles de l'Apôtre : N'obéissez pas au péché, en suivant les désirs déréglés de votre corps (1)? Qu'est-ce encore que cette subordination nécessaire des besoins aveugles aux besoins éclairés, si ce n'est le travestissement grossier de cette autre vérité de conscience et de foi, qui veut que le corps soit dans la dépendance de l'âme; que l'un obéisse

(1) Abstinere vos à carnalibus desideriis quæ militant adversus animam. « 1 Petr., II, 11.

comme la brute, que l'autre le guide et le gouverne comme maîtresse et souveraine...? En vérité, nous éprouvons autant d'indignation que de pitié à voir une science rachitique, joignant au cynisme de l'erreur le ridicule de l'outrecuidance, s'écrier : « *Il est bien temps que la loi morale soit mise à la portée commune* (1). »

(1) *Hygiène morale.*

IX

LA NOTION DE DIEU ET L'ABSTRACTION DES INFINIS.

§ 1.

NOTION DE DIEU.

Rien de plus obscur, de plus confus, de plus contradictoire que toute la dissertation de Broussais sur la *notion de Dieu*, *l'abstraction des infinis*, les questions de la *matière et de l'esprit*, etc. C'est le désordre, c'est le chaos.

Le professeur admet d'abord la notion de Dieu qu'il attribue à l'organe de la *causalité*, la seconde et la plus éminente des facultés intellectuelles supérieures. Voici comment il la décrit : « La *comparaison* saisit les rapports généraux. La « *causalité* va au-delà de ces rapports, au-delà de « la juxta-position. Elle *voit des rapports de cause « à effet entre les objets comparés. Elle saisit l'ac- « tion d'un objet sur un autre, et en voit sortir des « effets.* Cette opération intellectuelle lui appar- « tient et n'appartient qu'à elle... Nous lui devons « la notion de Dieu; car *il est impossible de l'ar- « rêter* jusqu'à ce qu'elle soit arrivée à ce point ; « c'est son terme. Quand les autres facultés intel- « lectuelles ont contemplé tous les accords, elle « en conclut *malgré nous* à l'existence d'un mo- « teur primitif (1). »

Je note d'abord ces mots : *malgré nous.* Le sens en est louche; ils trahissent un embarras singulier. Pourquoi donc en effet insister si fort sur l'irrésistibilité des conclusions que nous devons à l'organe de la causalité? L'organe étant admis, qu'y a-t-il de si étrange qu'il fonctionne selon sa destination, ni plus ni moins que ceux de l'*acquisivité*, de l'*habitativité*, de la *secrétivité* ou de la *merveillosité?* Pourquoi donc supposer le cas de violence faite à la conscience, pour ainsi dire? Pourquoi supposer que nous puissions révoquer en doute le témoignage de cette faculté, lorsque toutes les autres, affectives ou perceptives, régissent et modifient souverainement no-

(1) *Cours*, p. 653.

tre activité docile, leur empire ne trouvant de limites que dans les intensités respectives de leur développement, et non point dans notre confiance qui leur est acquise comme à notre existence propre? Ce *malgré nous* évidemment n'est point l'expression d'un malaise moral que l'homme éprouve à accepter une notion si importante (à Dieu ne plaise!) : c'est tout simplement, selon nous, un cri de conscience rationnelle, un remords logique qui travaille M. Broussais. Car il pressent à merveille une objection assez sérieuse, qu'il a l'imprudence ou la loyauté de lever, et qu'il décline au plus vite en se couvrant de l'impossibilité *d'arrêter la causalité.* Loin de nous assurément d'interdire à la causalité ce religieux essor; mais l'objection prévue nous paraît assez inquiétante pour ne pas la négliger. En effet, si la causalité n'est que la *vue* des rapports de causes à effets *entre les objets comparés*, si elle se borne *à saisir l'action* d'un objet sur un autre et à *en voir sortir les effets;* la notion phrénologique de Dieu nous paraît entièrement compromise. Car, cette notion, loin d'être fondée sur un rapport constant d'actions et d'effets visibles, ne repose au contraire que sur une conclusion irrationnelle et *anti-phrénologique* du visible à l'invisible. Le professeur sent bien la difficulté, et il faut qu'elle le presse vivement pour qu'il en soit réduit à emprunter aux philosophes ses ennemis la preuve suivante : « D'une

7*

« bille déplacée par une autre, la causalité va au « bras qui a donné l'impulsion; du bras elle s'é- « lève au cerveau; du *cerveau à l'intelligence*, de « l'intelligence aux causes qui l'ont mise en ac- « tion, de ces causes à celles qui les ont pro- « duites, et de degrés en degrés elle arrive à « une cause unique (1). »

Quoi! vous invoquez de bonne foi un tel raisonnement; raisonnement basé sur une triple affirmation, dont vous éliminez nécessairement deux termes? 1° Affirmation des réalités observables. 2° Affirmation des réalités inobservables. 3° Affirmation du rapport de ces deux ordres de réalités. Et vous, physiologiste, vous jusqu'ici obstinément retranché dans l'observable, vous vous prévalez d'une proposition qui n'a de valeur que par l'admission d'un ordre de réalités, dont vous niez non-seulement les rapports actifs, mais dont vous proscrivez même l'existence? Quoi! c'est bien sincèrement que, sur des faits palpables, les seuls que vous admettiez, vous concluez à une réalité invisible dont tout votre enseignement tend à démontrer la chimère? Permis au philosophe de s'élever du cerveau à l'intelligence, et de l'intelligence à la cause souverainement intelligente, parce qu'il reconnaît les affinités spirituelles du principe constitutif de notre être avec les vérités supérieures. Mais pour vous,

(1) *Cours*, p. 653

pour votre *intelligence purement physiologique*, espèce d'agrégat, qui est à lui-même sa fin, sa loi, sa raison, il ne peut y avoir que des faits et des perceptions sensibles. Ce cerveau, qui ne connaît que des corps, peut-il connaître de ce qui n'a les trois dimensions? Prolongez autant que possible la série positive de vos observations, perceptions, comparaisons, vous ne trouverez toujours au dernier terme que le vide ou la contradiction, l'inconséquence ou le néant. Et remarquez donc, au sujet de votre prétendue notion de Dieu (si heureusement irrésistible), qu'il y a solution de continuité entre la progression *concrète* de vos déductions et l'affirmation toute *métaphysique* de l'inconnue. La chaîne ne peut se renouer que par l'acceptation sincère des réalités spirituelles que vous avez constamment rejetées. Quand la science incrédule demeure conséquente avec elle-même, elle procède comme Laplace; elle traite Dieu d'hypothèse inutile. La doctrine phrénologique doit opter entre la reconnaissance illogique, l'omission ou la négation impie de la Divinité. Toutefois, justice soit rendue à Broussais. Il préfère encore Dieu à la logique.

Mais que dis-je, la logique! Broussais est loin de l'abdiquer. *Cherchez et vous trouverez.* Broussais cherche et trouve à merveille. Voici le dernier expédient qu'il imagine pour établir la notion organique de Dieu. C'est un tour de force qui *de bien loin laisse voir après lui* l'irrésistibilité des conclusions de cette impérieuse Causalité. Écoutons :

« Nous disons que Dieu n'est pas représenté « par une idée; mais *révélé* par *un sentiment* qui « en fait une *notion.* » (*Révélé* est digne de remarque.) « En effet, aucune de nos facultés per- « spectives de la ligne inférieure du front ne « peut le saisir, *et notre intelligence ne saurait lui « appliquer sans le dégrader les attributs des corps,* « c'est-à-dire du concret, les seuls que ces facul- « tés nous fournissent. » Il nous semble ici que les facultés changent de rôle. L'*intelligence* devient aveugle, et le *sentiment*, qui n'était, dans le principe, qu'un *instinct plus élevé,* ouvre des yeux à faire peur. Je ne reconnais plus là ce sentiment, défini par Broussais « une *impulsion* qui « naît en nous *à l'occasion des impressions exté- « rieures* et qui nous détermine *à réagir* d'une « manière particulière *sur les corps que les sens « nous ont fait connaître* (1). » Comment donc ce sentiment, qui ne se développe que par et sur le *concret,* peut-il se transformer au point de saisir l'*abstrait* qu'une fuite éternelle dérobe à la cécité de l'entendement ? Poursuivons : la lumière viendra sans doute. « Nous l'obtenons (Dieu) par l'*in- « duction;* et dès qu'il a été trouvé, un senti- « ment se développe en nous qui nous force à « l'admettre et *à le considérer comme un fait.* »

(1) *Cours*, p. 275. *Hyg. morale*, p. 172.

Éclair du génie phrénologique! DIEU est un FAIT, révélé par d'autres *faits*, et perçu par un *fait* physiologique!

> J'entrevis l'*ombre* d'un cocher,
> Qui tenant l'*ombre* d'une brosse,
> En frottait l'*ombre* d'un carrosse.

« C'est ainsi que DIEU devient pour nous une « notion, c'est-à-dire UN FAIT que nous con- « naissons, parce qu'il est *réellement contenu dans* « *les faits* que nos facultés réceptives nous ont « fait connaître (1). »

Voilà une connaissance de Dieu bien pénible, bien ténébreuse, bien équivoque. Il y a là une telle accumulation de sophismes et d'absurdités, que la science me paraît ne pas mieux demander que de trouver des incrédules à ce malheureux établissement du FAIT DIVIN. L'étrangeté inouïe de cette démonstration me fait songer à ce vers dont elle semble le commentaire :

> « Je crois bien entre nous que vous n'existez pas. »

Mais les soupçons ne sont pas des réponses, et je réponds :

1° Dieu s'*obtient* beaucoup plus simplement par *tradition* que par *causalité*. Et, en effet, ou cette notion est inutile, ou elle est nécessaire. Si elle

(1) *Cours*, p. 654.

est inutile, il faut s'en passer comme Laplace; si elle est nécessaire, socialement, humainement nécessaire, il faut que tout être social soit doué de l'organe de causalité pour l'atteindre. Mais « il manque en partie, ou bien il est faible chez « beaucoup de personnes (1). » Il faut donc, phrénologiquement parlant, que les cerveaux doués de cet organe, imposent dans l'intérêt social, la notion de Dieu à cette multitude qui en est dépourvue ou insuffisamment pourvue. C'est donc l'*autorité*, autorité fatale et tyrannique, qui exige ici une croyance aveugle? Et quelle différence entre cette servile adhésion et la noble humilité de la foi raisonnable, de la foi chrétienne!

2° *Dieu est un fait*, parce qu'il est conçu *à l'occasion* des faits : — mais de ce que les faits nous amènent à une induction, s'ensuit-il que *l'objet* de cette induction soit contenu dans les faits? Les faits ne *contiennent* pas, ils *révèlent;* et, cela, en vertu de notre mystérieuse union avec le monde, et des lois propres de notre intelligence. Que pourraient-ils contenir à la rigueur, sinon des faits sensibles? Dieu, échappant à nos sens, n'est ni *fait*, ni contenu dans les faits. Est-ce donc des faits que nous vient la lumière, et n'est-ce pas plutôt leur enchaînement, leur constance, leur harmonie, qui trouvent en nous une correspon-

(1) *Cours*, p. 648.

dance innée? Dieu, à travers le monde, peut se manifester à l'âme, qui le voit à travers le corps; mais ce monde sans Dieu, que peut-il révéler à ce corps sans âme?

Ainsi, se trouve détruite l'argumentation élevée par la phrénologie contre l'existence de l'*esprit*, argumentation qui ne repose que sur cette seule objection : *l'esprit ou rien de tel n'est contenu dans les faits*. Les faits n'étant que des *témoins*, et des témoins involontaires, vous n'êtes pas plus fondés à rejeter l'*esprit* qu'à admettre Dieu. Notre raisonnement est plus sûr, lorsque nous prétendons que, si l'ordre du monde (*kosmos*), si *les cieux racontent la gloire de Dieu*, c'est-à-dire l'existence de l'unité essentielle et créatrice, l'ordre de nos pensées, de nos sentiments, de nos volontés, atteste l'existence de l'esprit ou de l'unité intérieure.

§ 2.

ABSTRACTION DES INFINIS.

Le Fait-Dieu étant posé, que nous dira le professeur de ses attributs? « Est-ce à l'organe « de la causalité que nous devons la grande abs- « traction des infinis?... Nous disons que nous « CONCEVONS L'INFINI, 1° dans l'espace ou l'éten-

« due, dans la durée ou le temps; 2° nous l'*indiquons* dans la force, dans la puissance, dans « l'intelligence, dans le savoir. Mais comme cette « seconde section des infinis n'est attribuée qu'à « Dieu, et que nous ne pouvons pas le définir, « je n'en parlerai pas en détail, *ce serait nous engager dans les hypothèses, et nous n'en sortirions « pas.* » En vérité? On *conçoit* l'infini dans l'espace et dans le temps; on l'*indique* dans la force, dans l'intelligence, dans le savoir, et l'on craint de s'engager dans les hypothèses! Pusillanimité bizarre! « En effet, nous ne pourrions que prêter « à Dieu nos deux ou trois ordres de *facultés « cérébrales.* » *Risum teneatis!* La phrénologie est ici inconséquente et ridicule. Inconséquente, car, deux lignes plus haut, elle attribuait à Dieu la *seconde section des infinis;* ridicule, car elle semble ne pas se douter que l'extravagance de sa conclusion dérive uniquement des prémisses non moins extravagantes qu'elle a posées. A elle seule appartient la construction de ce syllogisme : *L'intelligence est un mode ou phénomène de la substance cérébrale. Dieu est intelligent; il faut donc attribuer à Dieu la substance cérébrale.* La phrénologie recule ici devant la moisson d'absurdités qu'elle a semées; mais il est curieux de l'entendre dire : « Laissons donc cette méthode aux prêtres, « qui la croient nécessaire pour gouverner le « peuple (1). » Comme si les théologiens con-

(1) *Cours*, p. 656.

cluaient de la majeure stupide qu'elle seule établit! Et qu'ont-ils donc à démêler avec cette mauvaise science, pour qu'elle leur attribue ses impertinentes inductions? Est-ce qu'ils regardent, eux, la pensée, l'esprit, comme phénomènes organiques? Est-ce qu'ils se sont mis dans l'alternative insensée de conclure de l'*intelligence-cérébrale* de l'homme à l'*intelligence-cérébrale* de Dieu? La négation obstinée de l'*esprit,* d'une part, de l'autre, l'admission *forcée* de Dieu, vous amènent à une supposition absurde; et vous osez l'imputer à la doctrine, qui affirme l'*esprit* de l'homme, sa ressemblance et ses rapports spirituels avec Dieu! Vous osez lui imputer votre déraison, votre infirmité, votre néant! Quel cynisme!

Passons à la *conception* phrénologique de l'infini.

« Nous parcourons l'espace, dit Broussais, au-« tant que la portée de notre vue, qui est beau-« coup plus grande que celle de notre toucher, « peut le permettre; arrivés à ce terme, nous « concevons un espace encore plus étendu, *et* « *nous le multiplions; mais enfin nous nous lassons* « *de multiplier..... Il en est ainsi de la durée.....* « des nombres, de la grandeur, de la petitesse, « de la division et de la subdivision de la matière « que nous conduisons jusqu'à l'atome (1)... »

Ainsi *la grande abstraction des infinis* se réduit

(1) *Cours*, p. 656.

à une multiplication ou division jusqu'à extinction de patience et de force humaine; jusqu'à ce que l'on arrive à *un sentiment pénible*, à *un désir non satisfait.* L'infini, selon Broussais, n'est que l'incapacité où nous sommes d'atteindre toutes les dimensions du fini. L'infini n'est après tout que le fini; ce qui est lumineux est péremptoire.

X

L'ESPRIT ET LE MOI.

Le professeur prétend que c'est au dernier terme de la division de la matière que les philosophes trouvent le simple et atteignent l'esprit, et il dit victorieusement : « Si l'esprit des prétendus métaphysiciens n'est que de la matière dépouillée de son vrai titre pour prendre celui d'esprit, il n'y a pas lieu de le séparer de la matière (1). » Cela est très-fort; mais en quels mé-

(1) *Cours*, p. 657.

taphysiciens Broussais a-t-il trouvé une conception de l'*esprit* aussi naïve? évidemment il fait des armes contre un plastron (1). « Ils vont dire « sans doute, ajoute-t-il, en refusant à l'esprit les « attributs de la matière, vous l'en séparez, et par « conséquent vous l'admettez. — A quoi je ré« ponds : Ce signe existe dans toutes les langues. « Il faut donc en déterminer le sens. » D'accord, mais est-ce le sens que l'humanité y attache, dans toutes les langues, que le professeur veut trouver. Il s'en garde bien : il va chercher un sens qui convienne à ses conclusions. « Eh bien! dit-il, « *pour moi* (*pour moi* est divin!), il désigne une « *conception négative* qui n'a point d'attributs et « que par conséquent nul ne peut mettre en ac« tion, *car il n'y a que les choses susceptibles d'at*« *tributs*, c'est-à-dire *les corps, qui puissent agir.* « Voulez-vous d'autres expressions? *Le signe es*« *prit représente un phénomène de l'action cérébrale* « *qui se manifeste à la suite des perceptions, de la* « *comparaison générale et de la réflexion.* » Broussais a une tactique admirable, c'est de tourner ou

(1) Cela nous rappelle cette autre phrase où M. Broussais, s'escrimant contre les spiritualistes, leur dit avec une naïveté comique : « Si encore vous entrepreniez de nous démontrer que c'est un *impon*« *dérable* (au lieu de l'esprit) qui les produit (les phénomènes intel« lectuels et moraux) par le moyen de la substance nerveuse, ce se« rait nous dire quelque chose, et nous pourrions vous répondre que « l'impondérable frappe nos sens comme un corps, etc. » (p. 717). Ce qui revient à peu près à dire, Si vous me donniez un bâton, et que vous eussiez la complaisance de tendre le dos, j'aurais le plaisir de vous battre.

d'éluder les difficultés. Ici, par exemple, il eût été bon d'expliquer comment il se fait que l'intelligence humaine note par un signe ce qu'elle ne conçoit pas matériellement. Ce signe universel d'une *conception négative* nous prouve toujours (sauf réfutation) la révélation authentique d'un être qui n'aurait pas sa raison dans les langues, s'il n'était en vérité. — En second lieu, ces mots : « Il « désigne une conception négative, car il n'y a « que les corps... » ne démontrent qu'une chose, c'est que Broussais, comme nous l'avons dit, prend ses coudées franches, et qu'il suppose volontiers pour résolu ce qui est en question. — Enfin, « le « signe esprit, est-il dit, représente un phéno« mène de l'action cérébrale qui se manifeste à « la suite des perceptions. » Qu'est-ce qui fait cette réponse? Est-ce Broussais? Peu nous importe. Sa logique est connue. Est-ce une réponse qu'il prête à l'humanité? Alors, cela est faux : aux yeux de l'humanité, le signe *esprit* ne représente pas un phénomène ; mais le *lieu*, le *lien*, le *criterium unitaire* de tous les phénomènes intellectuels.

« L'esprit, dira-t-on, est donc pour vous sur la « même ligne que les grandes abstractions géné« rales, la substance, la durée? — Non, répon« drai-je ; il n'est pas pour moi sur la même ligne ; « car je me sens forcé d'admettre ces grands abs« traits, puisque je les trouve implicitement dans « les corps que je connais... Tandis que je n'y

8*

« trouve pas l'esprit; ni rien, absolument rien « qui force ma croyance en sa faveur (1). » Qu'y faire? L'*esprit* seul a des yeux pour voir l'*esprit.*

« Mais il nous plaît, pourra-t-on dire encore, « de donner à la cause, à la force, à la puissance « que vous admettez, le nom d'esprit. » — « Dans « ce cas, répliquerai-je, votre esprit n'est plus « la subdivision de l'atome jusqu'à l'infini; mais « du moins il reste toujours comme la force, la « cause, la puissance, une notion qui ne peut « recevoir aucun attribut, et que par conséquent « vous ne sauriez mettre en action. » La réplique n'est pas robuste. Elle riposte d'abord contre une supposition niaise qu'on ne fera point. En second lieu, conclure du défaut d'attribut d'une notion à son incapacité de mise en action, n'est qu'une pétition de principe. Car c'est là précisément la question : Peut-on rapporter une action inexpliquée et inexplicable à un principe dont les attributs sont ignorés? — Répondre que nous ne concevons rien que dans les corps, c'est-à-dire à l'occasion des corps, c'est affirmer, ce qui n'est contesté par personne, que l'homme n'est pas une pure intelligence. Encore resterait-il à savoir « s'il ne peut y avoir en cette vie un pur acte d'in- « telligence dégagé de toute image sensible. Et « il n'est pas incroyable que cela puisse être du- « rant certains moments dans les esprits élevés à

(1) *Cours*, p. 658.

« une haute contemplation et exercés par un long « temps à tenir leurs sens dans la règle (1)... » Ce langage ne saurait être goûté des professeurs de phrénologie, mais Dieu nous garde d'accommoder toutes nos réponses à leur usage.

Broussais continue son duel avec les psychologistes : « Vous mettez bien en action la cause, « la force, la puissance, répondront d'opiniâtres « adversaires. La réplique ne nous manquera pas, « *et celle-ci nous paraît décisive. Quand je fais agir* « *la cause, la force, et la puissance, je ne fais que* « *réciter les actions des corps les uns sur les autres.* « *La preuve irréfragable*, c'est que *je puis relater* « *les mêmes faits que j'attribuais à ces abstractions,* « *sans les nommer*, quoique je n'omette aucune « particularité de ces faits. Ainsi, ce Cours *où* « *j'ai mis en action toutes nos facultés personnifiées*, « comme des causes, des forces ou des puis- « sances, *aurait pu vous être fait sans que je vous* « *eusse dit un mot de ces* ENTITÉS. *L'abstrait nous* « *sert de levier logique pour faire agir le concret;* « *mais cet emploi ne saurait le réaliser* (2). »

Quelle intrépidité de sophisme! Mais déclarez donc que, dans votre langage, les termes *cause, force, puissance*, ne signifient que des rapports de juxta-position successive de faits que vous énumérez les uns après les autres en vous bornant à

(1) *Connaissance de Dieu et de soi-même.*
(2) *Cours*, p. 659.

décrire. Et ne sortez pas de là ; car si vous dites que vous récitez les *actions* des corps les uns *sur* les autres, démontrez que vous ne mettez pas en action une cause, une force, une puissance inconnue en vertu de laquelle ces corps agissent les uns sur les autres, à moins que vous n'ayez découvert l'inhérence du mouvement aux corps. — Or, conçoit-on une subtilité égale à cette distinction : « *quand je fais agir la cause, je ne fais que réciter une action ;* » mais je réponds, « quand vous récitez une action, vous faites agir une cause, » et la question se représente.

Cette méthode descriptive est une impraticable absurdité : les mots se révoltent contre elle. Commençons donc par faire une langue où les expressions suivantes : *acte*, *faculté*, *modificateur*, *vertu*, *puissance*, etc., seront frappés d'ostracisme, comme les poëtes sont bannis de la république de Platon ; car ces mots font plus que *décrire ;* ils recèlent implicitement l'affirmation d'une inconnue. Tant que l'on ne sera pas arrivé à ce puritanisme descriptif, le langage ordinaire sera en guerre ouverte avec un tel système. On n'est pas maître absolu de la langue. Et rien ne prouve davantage toute la vanité de la philosophie du dernier siècle que ce rêve continuel d'une langue philosophique, d'une *langue bien faite*, disait Condillac : tant ils étaient réprouvés, tous ces sophistes, par l'idiome du sens commun ! La parole humaine, la parole vraie est douée d'une puissance à laquelle l'erreur la plus acharnée ne saurait entièrement se soustraire. « J'ai mis en action, dites-« vous, toutes nos facultés personnifiées, comme « des causes, etc... » Comme si vous aviez pu faire autrement; comme si le langage, cette voix de la conscience publique, ne vous avait pas irrésistiblement entraîné, d'une part, à cette fatale conséquence de vos négations opiniâtres du principe unitaire; d'autre part, à cette reconnaissance involontaire d'une force, d'une puissance causatrice. « Pure formule, dites-vous encore, méthode vive, animée, pittoresque (1). » Essayez donc un instant d'une parole sévèrement appropriée au besoin de votre philosophie; et nous verrons s'il ne s'agit point d'autre chose que d'une expression *vive, animée, pittoresque*, ou plutôt si vous ne retrouverez pas jusque dans la langue que vous vous serez faite la même impossibilité d'échapper aux lois constitutives de la raison humaine.

Par exemple, vous dites en langue vulgaire :

« Quand les rayons réfléchis et les émanations « d'une substance propre à *me* nourrir ont affecté « *mes* yeux et *mes* narines, *mon cerveau* l'est dans « telle région, et *je* désire manger cette sub-« stance. »

Aussi bien, à vous en croire, que vous pouvez dire :

(1) *Cours*, p. 660.

« L'aspect et l'odeur d'un mets excitent *mon* « organe et *mon* instinct d'alimentivité. »

Nous n'avons pas besoin de faire ressortir l'obscène ridicule de ces deux phrases, et notamment de la variante; nous signalons en passant une légère différence entre elles, les organes étant d'abord présentés dans un certain état de dépendance, et ensuite dans un certain état d'affranchissement; mais nous insistons sur la présence dans toutes deux, sur l'ubiquité du *moi* et du *mien*.

Le *moi* n'existant pas, selon Broussais, comme principe nécessaire (par la raison qu'il est intermittent dans les vingt-quatre heures de sommeil, et obscur dans l'état morbide!); le *moi* n'étant que le *produit de certains organes fonctionnels du cerveau* (1); il suit que ce *moi*, personne humaine, se réduit au cerveau, et que, pour parler rigoureusement, il faudrait substituer partout au *moi* et au *mien*, le substantif *encéphale* et l'adjectif *encéphalique*, et alors je défie le savant professeur de construire une seule phrase, même purement descriptive des besoins ou des sentiments que la personne éprouve. Pour éviter le *moi*, construira-t-il sa proposition en établissant le sujet à la troisième personne? Pur artifice! jamais il n'expliquera comment il faille en revenir toujours, pour être intelligible aux autres et à

(1) Définition donnée par le *Journal phrénologique*.

soi-même, pour *exprimer soi*, à la désignation d'un être de raison, d'une espèce d'éditeur responsable, grammaticalement distinct des organes cérébraux.

Au lieu de dire, « l'organe de l'estime de soi « inspire l'orgueil et le mépris des autres, je « pouvais dire, continue Broussais, lorsque telle « région du cerveau est très-grosse, l'*homme* s'es- « time beaucoup trop (1)... » Qu'est-ce que cet *homme-là?* qu'est-ce ce *moi?*... Dites donc plutôt, lorsque telle région du cerveau est très-grosse, le cerveau s'estime beaucoup. Mais encore qu'est-ce que ce *cerveau* qui estime *soi?* Comment ce cerveau, qui se décompose en tant d'autres provinces géographiquement distinctes, sera-t-il affecté tout entier de ce petit renflement local? Comment cet organe particulier communiquera-t-il de son entité spécifique aux organes des *tons* et de la *pesanteur*, par exemple, organes *sui generis*, et *sui juris?* Il faudra donc reprendre : « lorsque telle région du cerveau est très-grosse, cette région s'estime beaucoup. » Mais ici encore quel est donc ce *moi* importun? ce fantôme anti-descriptif? cet inamovible représentant de *force*, de *puissance*, de *cause?* Eh quoi! ne serait-il donc pas plus possible de le chasser de la langue bien faite que du cerveau décentralisé? *Vain abstrait*, direz-vous, *levier logique, qui fait agir le concret*

(1) *Cours*, p. 659.

que cet emploi ne saurait réaliser! » Etrange chose, à coup sûr, qu'un *agent* nié par son *action!* qu'une *puissance* qui n'*existe pas!* qu'un *rien*, base et soutien de toute science! qu'un *néant* qui vivifie

XI

LE MOI, LA VOLONTÉ, LA LIBERTÉ, LA RAISON, LA LOI MORALE.

§ 1.

LE MOI ET LA VOLONTÉ.

« Le sentiment de notre personne, dit Brous-
« sais, de notre identité dans le passé, comme
« dans le présent, la prévision de cette identité
« dans l'avenir, *la faculté de nous distinguer de*
« *tout ce qui n'est pas nous*; le *moi*, en un mot,
« puisque cette expression est adoptée, dépend-
« il de l'organe de la causalité, de celui de la

« comparaison générale ou des deux réunis ? — « Cette question ne me paraît pas facile à résoudre : on se sent d'abord conduit à attribuer le « sentiment du moi à la comparaison ; *car c'est « en nous comparant avec le reste de la nature que « nous nous en distinguons*. Toutefois, les phrénologistes ne se sont pas prononcés (1). »

Il est absurde, 1° de définir « le *moi, la faculté de nous distinguer,* » car cette faculté, pour être mise en action, présuppose le *moi*, c'est-à-dire l'être *distinct*.

Il est absurde, 2° de prétendre que « *c'est en nous comparant avec le reste de la nature que nous nous en distinguons.* » Car d'abord nous ne nous prenons jamais pour un arbre ou une montagne ; et, en second lieu, cet acte gratuitement supposé de comparaison, implique déjà une distinction préexistante : on ne compare pas deux objets que l'on confond. Si l'homme se confond avec la nature, il ne se comparera jamais ; s'il se compare avec elle, c'est qu'il ne s'est jamais confondu.

Le professeur poursuit, et les difficultés accompagnent.

« Il y a, dit-il, des comparaisons partielles « dans toutes perceptions... Mais les philosophes « soutiennent qu'en comparant les choses entre « elles, *force nous est de les comparer avec nous ;* « ce qui établirait l'existence du moi dès le mo-

(1) *Cours*, p. 679.

« ment de la naissance, et peut-être jusque dans « les derniers mois de la gestation. *Cela sem-« ble probable, lorsqu'on n'y a pas réfléchi en pré-« sence des faits, lorsqu'on n'envisage les questions « que d'une manière logique* (1). » On ne peut annoncer plus clairement que les faits dont on prétend s'appuyer, sont contraires à la logique, c'est-à-dire à la raison, et que dans ce débat entre les faits et la raison, c'est contre la raison que l'on prendra parti. Que faire devant un pareil fanatisme? laisser le champ libre à Broussais. Il est des circonstances où la retraite est légitime, et certes, elle le serait ici, ou jamais. Cependant nous cédons au plaisir de voir comment avec les *faits*, Broussais bat en brêche la *logique ;* comment il concilie avec l'action comparative l'impersonnabilité de l'être qui compare; comment, enfin, il établit une perception sans *moi*, ou un *moi* sans perception. « *Nous « ne pensons pas toujours à nous*, dit-il, lorsque « nous avons des perceptions *même dans l'état « adulte ;* il s'en faut bien, et *chacun peut s'en con-« vaincre en portant ses regards sur le passé.* » — La fin de cette proposition sera démontrée fausse : le commencement n'est qu'un sophisme. Car que signifie, je vous prie, *nous ne pensons pas toujours à nous,* sinon, que, lorsque nous avons des perceptions, *nous n'accusons pas toujours la pensée que nous avons de nous-mêmes :* pensée présente

(1) *Cours*, p. 680.

néanmoins, élémentaire, innée, consubstantielle avec nous; cette pensée, c'est nous; toute pensée, tout sentiment, tout acte intérieur, est un acte de foi en nous; confession vivante de notre personne, inséparable, indiscernable de notre personne même.

Disons plus : nous ne nous sommes jamais si présents, que lorsque nous paraissons nous perdre de vue; nous ne nous affirmons jamais tant que lorsque nous paraissons nous nier. L'*oubli* du *moi* passionné n'est que l'aveugle amour du *moi* qui s'aime dans l'objet qu'il aime. Archimède s'oublie et se laisse tuer, parce qu'il s'aime et se recherche dans la vérité mathématique qu'il poursuit. «Combien d'hommes *oublient le moi* auprès d'un objet de concupiscence, » dit le professeur; mais ce n'est là qu'une hyperbole de poésie lubrique. Ils ne s'*oublient* qu'à force d'*égoïsme*. Prendre cet *oubli* pour une intermittence réelle du *moi* n'est qu'une plaisanterie. « L'enfant, continue le professeur, « l'enfant au berceau, à coup sûr, ne pense pas à « lui. » Pas plus que l'homme qui s'*oublie auprès d'un objet de concupiscence !* pas plus que l'homme qui sacrifie sa santé, son *moi*, à son orgueil, à sa sensualité ! L'enfant est tout passion, tout expansion, par appétence d'égoïsme. Et qu'a-t-il besoin de dire : « *Moi* je suis différent de tout autre, » puisqu'il ne cesse jamais de se croire *lui ?* Qu'a-t-il besoin de se distinguer, puisqu'il ne s'est jamais confondu ? On ne proclame jamais sa personne, son identité, que pour la défendre contre un doute : et quel enfant est assez mal né pour en douter ? « Il se passe des années, ajoute Broussais, avant que l'enfant se dise : *Moi je suis différent de tout autre.* » Broussais ne voit pas que ces paroles excessivement naïves ne démontreraient encore qu'une seule chose, c'est que l'enfant a longtemps *pensé* MOI avant de le *parler*.

« Il n'est *donc* nécessaire, ajoute le professeur, *ni pour l'homme, ni pour l'animal, d'avoir le sentiment personnel pour exister. Les instincts suffisent...,* et *comme ils ne sont mis en jeu que par des perceptions,* « IL EN RÉSULTE QUE LA PERCEPTION N'IMPLIQUE PAS « NON PLUS L'EXISTENCE DU SENTIMENT PERSONNEL (1). » Voilà donc le grand Fait ! le Fait héroïque ! le Fait glorieux ! le Fait vainqueur de la logique et de la raison ! — Or, cependant, vous en revenez toujours à la personnification des *instincts* et de la *perception*, et ce n'est plus ici pour poétiser l'expression ; car, après tout, il faut bien arriver à l'entité vivante, humaine. Est-ce donc la perception qui se perçoit elle-même ? *Perception* n'est plus que le synonyme faux et incomplet de *moi*. Retranchez-vous obstinément le *moi* de la perception ? Alors une poutre ou un grès sont, à l'égal de l'homme, doués de *perceptivité*. UNE PERCEPTION SANS CONSCIENCE ! L'absurde ici tient du prodige.

(1) *Cours*, p. 681.

Ce premier point *éclairci*, selon lui, le physiosiologiste se demande *si la comparaison générale*, associée aux perceptions et aux sentiments, *lui donnera le moi* que les comparaisons partielles lui refusent ! « Lorsque l'homme *commence à pouvoir* « *se distinguer*, le fait-il en vertu de la science de « soi, que les philosophes appellent *conscience*, « ou bien en vertu de ses perceptions sensiti- « ves ? » Et, fort de cette chimérique assertion que l'homme *commence un jour à se distinguer*, l'auteur conclut que l'enfant doit cette distinction aux perceptions sensitives, et voici la preuve qu'il en donne : « L'enfant est porté à se désigner « par la troisième personne des verbes, *ce dont* « *les philosophes ne paraissent pas s'être doutés.* « L'enfant dit : *Jean, Pierre* (le nom qu'on lui a « donné) *veut cela*, avant de dire : *je veux*. — « Cette remarque a encore été faite depuis peu « d'années chez *Gaspard Hauser*, qui n'apprit à « parler qu'à l'âge de dix-sept ans... Il est certain « qu'on a toujours beaucoup de peine à faire « comprendre à l'enfant que *je* a la même signi- « fication que son nom propre, et sur ce point, « l'enfant de Nuremberg se montra fort récalci- « trant (1). » La *merveillosité* entasse ici Pélion sur Ossa. D'abord ce fait de l'incapacité des enfants à dire *moi*, n'est qu'une allégation gratuite. Celui de Gaspard Hauser, dont je me

(1) *Cours*, p. 681.

défie beaucoup, ne prouve rien. Mais supposons que cette difficulté prétendue soit un fait certain et avéré, il ne nous en paraît pas moins ridicule de se croire autorisé à une conclusion toute physiologique. Car, en quoi cette conclusion pourrait-elle prévaloir sur celle du spiritualiste qui dirait : « Je vois un être parfaitement distinct des perceptions sensitives, qui se nomme à la troisième personne. Que l'on dise *je* ou *moi*, ou que l'on dise *Jean, Pierre*, le principe unitaire se nomme, cela me suffit. L'enfant répète par nécessité d'imitation le nom dont on l'appelle ; et, que nous importe qu'il prenne une expression indirecte pour nommer sa personnalité, pourvu qu'il ait l'intention de la nommer? Il apprend à se nommer, comme il apprend à nommer toutes choses.

Cependant Broussais, malgré tant de découvertes, n'a pas encore trouvé le *moi*. Les perceptions, instincts, sentiments, étant insuffisants à le donner, il va le demander aux deux facultés réflectives (*la comparaison générale et la causalité*) «considérées séparément et dans leur réunion (1).»

Donc, *après s'être comparé à la nature et s'être comparé avec lui-même ; après avoir comparé entre elles ses perceptions, ses sentiments et ses instincts entre eux* (2); *après avoir analysé leurs nuances et*

(1) *Cours*, p. 683.

(2) *Moi* fait tout cela *sans moi*. — Notez-le bien.

constaté leurs éléments, l'homme de Broussais *fait une distinction définitive, qui consiste à se séparer de ces phénomènes par une abstraction toute de sentiment, et à se désigner par* LE SIGNE MOI. » Le *moi* ne fait pas absolument explosion comme le canon au soleil de midi : il perce à peu près comme une dent. Puis, s'étant bien attesté à lui-même *qu'il n'est pas tout ce qui n'est pas lui*, il s'assure qu'il est, qu'il fait ou qu'il souffre, grâce aux affirmations des organes de la comparaison, qui distingue la personne; de la causalité, qui pose en soi l'action, et hors de soi, la cause de la souffrance. Mais l'action, mais la passion implique la préexistence ou du moins la coexistence de *je* ou *moi ?* Point du tout. L'avénement de la personne ne date que de l'heure où *un mouvement intérieur de comparaison et de comparaison générale* (1) l'a autorisée; et, « d'un autre côté, la « personne ne pouvant exister sans sentir et agir, « ce qui implique le sentiment de la causalité, « l'organe de la causalité est autant nécessaire « que l'organe de la comparaison générale. » Ainsi, voilà DES PERCEPTIONS SANS CONSCIENCE; DES JUGEMENTS COMPARATIFS SANS ARBITRE, SANS JUGE ; DES RAISONNEMENTS SANS RAISON; DES ACTES SANS AGENT QUI LES CONNAISSE ET LES VEUILLE. Donc ces actes n'ont pour raison que les organes qui les produisent ; donc ces organes sont des

(1) *Cours*, p. 685.

puissances indépendantes, ces facultés des PERSONNES RÉELLES ; donc, la science entière n'est qu'un ANTHROPOMORPHISME EXTRAVAGANT DE CHACUN DES INSTINCTS, PENCHANTS ET FACULTÉS DE L'HOMME.

Ce n'est pas assez d'avoir rattaché le moi aux organes supérieurs de l'intelligence, l'auteur de l'*Irritation* pense qu'il est impossible de ne pas rattacher également à ses organes les questions de la *volonté* et de la *liberté*.

Voyons donc comment cette *question* de la VOLONTÉ se rattache à ces *organes*, — *question* accessoire ! simple corollaire de la *comparaison générale* et *de la causalité !* « *Vouloir*, dit Broussais, est « assurément *un acte de l'intelligence*. C'est le *moi* « qui dit : *je veux. Il ne peut donc le dire que lors-* « *qu'il existe.* La volonté est une expression du « moi actif, puisqu'elle se traduit par, *je suis* « voulant. » — Mais toutes ces propositions sont fausses sans leurs réciproques. C'est-à-dire que, si *vouloir* est un acte de l'intelligence, *intelligere* est aussi un acte de vouloir ; que si le *moi* dit : *je veux*, c'est la *volonté* qui dit : *moi* (1). S'il ne peut le dire que lorsqu'il existe, il n'existe réellement que lorsqu'il le dit ; si la *volonté* est une *expression du moi actif*, le *moi actif* est *une expression de la volonté*.

(1) En d'autres termes, tout acte produit par la personne humaine, à quelque période de son développement qu'on la prenne, implique toujours un acte complexe et simultané d'intelligence *volontaire* ou de volonté *intelligente*.

Mais, le moi actif se traduit par, *je suis voulant*, sans contredit ; et l'impossibilité d'opérer la même traduction sur ces mots : *je suis*, n'atteste que le néant de l'*être sans l'activité*, l'inanité de l'existence nue pour ainsi dire. L'affirmation d'être, isolée, est dénuée de sens, parce que, *je suis*, pur et simple, n'est qu'une abstraction vaine, parce que jamais l'homme ne dit uniquement *je suis*, sans vouloir affirmer contradictoirement son existence ; jamais sans une intention simultanée de produire une action, de témoigner d'une souffrance, d'accuser un mode de personnalité. Que l'on cite un seul cas où l'homme puisse énoncer, sans un intérêt vivant, ces mots, *je suis ;* que l'on nous montre la table rase de l'existence dépouillée de toute manifestation volontaire, et, en attendant la découverte de ce phénomène, nous pourrons affirmer longtemps que *je suis* et *je veux* sont parfaitement identiques. Mais « la volonté, « si l'on en croit le professeur, n'appartient ni « au moi *s'accusant à lui-même son existence, ni* « *au moi souffrant, à moins qu'elle n'exprime le* « *vouloir de ne plus souffrir, par exemple, quand* « *on se suicide dans ce but* (1). » Quoi ! *s'accuser à soi-même son existence* n'est pas un acte de volonté ! Avez-vous jamais rencontré un homme occupé à se dire : *moi*, sans en avoir l'intention ? Un automate, par exemple, fredonnant ce mot, dont il n'a

(1) *Cours*, p. 688.

pas conscience, a ses oreilles ouvertes pour ne pas l'entendre ! Et, ce sophisme sans pareil qui ose bannir la volonté, du moi souffrant, à moins qu'il ne se tue ! Ces yeux matérialisés ne voient plus et ne peuvent plus voir que l'acte brut. Il faut qu'un poignard sanglant, le canon tiède d'un pistolet leur traduisent la volonté de l'homme qui a souffert ! ils ne comprennent ni la volonté de la douleur, ni la volonté de la plainte, ni la volonté de la prière, ni la volonté plus terrible du silence ! Le spectateur romain VEUT, *verso pollice;* mais le gladiateur étendu sans mouvement sur l'arène, que VEUT-IL?

§ 2.

LA LIBERTÉ.

« C'est le *moi*, prétend Broussais, qui, se considérant sous le rapport de l'action, dit : *Je suis libre.* La liberté lui appartient donc aussi bien que la volonté. *Elle est un de ses modes d'action.* La liberté est donc aussi *limitée aux circonstances où l'existence du moi ne peut être contestée par la raison* (1). »

Ainsi, la liberté et la volonté sont deux phéno-

(1) *Cours*, p. 689.

mènes distincts ; mais la raison de cette distinction? car la volonté n'est aussi qu'*un mode d'action* (1). Or, s'il est un mode d'action volontaire et un mode d'action libre, quelle est l'action volontaire qui n'est pas libre, quelle est l'action libre qui n'est pas volontaire?

Secondement, la phrénologie nous ayant enseigné que *les organes supérieurs nous donnent le moi*, au lieu de s'exprimer ainsi : « la volonté et « la liberté appartiennent *au moi,* » il serait très-phrénologique de dire : « La liberté et la volonté « appartiennent, AVEC LE MOI, aux organes de la « causalité et de la comparaison, » ce qui ramène toutes les précédentes objections.

Ces préliminaires posés, Broussais pense devoir ajouter « quelques réflexions sur les *limites* pres- « crites à la liberté par l'organisation, et sur l'*u-* « *sage* que nous faisons de notre liberté. »

Ces limites sont d'abord celles que Broussais a, de son bon plaisir, imposées au moi et à la volonté. Ainsi, avant que les facultés réflectives aient permis à l'enfant de dire : « Je suis celui « qui n'est pas tout cela, » l'enfant n'a ni personnalité, ni volonté, ni liberté! Le crime peut impunément conclure de ces prémisses.

« De plus, la liberté est *entraînée* par les pas- « sions fortes qui entraînent ou *séduisent* le moi « ou la volonté. » Préoccupation étrange! Mais

(1) *Cours*, p. 688.

cet *entraînement*, cette *séduction* n'accusent-ils pas une résistance plus ou moins longue à l'effort ou à l'attrait des passions? Être entraîné, être séduit, c'est être vaincu, c'est avoir mal combattu, ou avoir *voulu* se rendre sans combat. Victoire et revers prouvent différemment la même chose; l'heur ici, là le malheur, partout et toujours, le pouvoir de la résistance. Donc le moi (ou la volonté libre) est accusable de ses défaites, responsable de l'habitude prise de se laisser vaincre et de l'impuissance même où il arrive.

« Les philosophes, les jurisconsultes recon-
« naissent *ce fait*, et les juges absolvent souvent
« tel malheureux que son honneur outragé a con-
« duit au meurtre (1). »

La justice condamne (qui l'ignore?) alors même que l'équité fait une concession à l'indulgence. On n'absout pas l'*égarement*, pour remettre la peine à l'homme *égaré*.

« Enfin, la liberté est à chaque instant para-
« lysée par l'instance des premiers besoins. On la
« voit céder avec la volonté à la nécessité de la
« respiration... Mais... *la volonté est forcée de se*
« *prêter*, même avec énergie, *aux efforts mus-*
« *culaires* du vomissement, du ténesme, de l'exo-
« nération fœtale, *tandis que la liberté y est étran-*
« *gère ou même gémit de pareilles nécessités.* »

Qu'entendre par cette liberté qui prête à la

(1) *Cours*, p. 690.

volonté un concours capricieux, et se tient d'ailleurs dans un état de révolte incompréhensible contre les conditions de la vie? — Conditions fatales, dira-t-on, exclusives du libre arbitre? — Mais la voix des siècles répond : Conditions *expiatrices*, qui accusent la volonté, inséparable de sa forme, la liberté. Et, en effet, cette volonté opprimée, à les entendre, et forcée, comme une esclave, de se prêter aux efforts convulsifs, cette volonté, la nôtre ou celle de nos pères, est-elle donc primitivement étrangère à ces désordres organiques? La complicité *volontaire* n'est-elle pas au fond de toutes ces crises douloureuses, châtiment immédiat ou legs malheureux de l'intempérance des sens et des passions? Que si nous pouvons atteindre la volonté coupable, pourquoi donc la liberté nous échapperait-elle? Pourquoi ne serait-elle pas saisie, là où la volonté est surprise? Mais Broussais, après les avoir distinguées et confondues tour à tour, insiste enfin sur cette différence capitale qu'il établit entre elles; l'une *se prêtant*, suivant lui, aux efforts provoqués par les vives irritations organiques, tandis que l'autre *y est étrangère ou même gémit.....*, etc. Assurément, ce fait de liberté plaintive n'est qu'un pléonasme, une élégie physiologique. Eh! plutôt que de gémir, spectatrice inutile, cette fonction désolée ferait assurément mieux de concourir avec la volonté aux efforts qui amènent le soulagement. Que la raison ou l'intelligence *gémisse de pareilles nécessités*, à merveille; elle en sait la cause, imputable à un malheur, à un démérite; mais cette faculté oiseuse, ce *modus faciendi* isolé, sans support comme sans raison, cette inepte liberté, quelle puissance a-t-elle de connaître, et quel droit de gémir?

Après cette singulière théorie aussi négative que possible du libre arbitre, il est plaisant de voir le docteur aborder la question de l'*usage*, comme s'il n'eût point nié la *possession*.

« Passons, dit-il, à l'usage que l'homme fait « de sa liberté dans les circonstances les plus or- « dinaires de la vie; *cette matière est délicate; car* « *l'homme est très-jaloux de sa liberté..... Tout* « *homme a l'amour-propre d'être libre*, et il vous « prouve à l'instant sa liberté en vous disant: « Je « veux étendre le bras, et je l'étends; je veux « le fléchir, et je le fléchis... Assurément l'homme « est libre de faire tout cela... » L'homme est un incurable original; mais pourtant Broussais assure qu'il obéit dans sa liberté même : et à quoi obéit-il? aux organes du moi et de la réflexion! Deux simples objections.

1° Qu'est-ce que la liberté? *C'est le moi qui dit : je suis libre*. Or, la liberté étant le moi, prétendre qu'elle lui obéit, c'est dire que le moi obéit au moi, la liberté à la liberté,... et que... « *La faculté digestive est la puissance qu'a l'estomac de digérer* (1). »

(1) *Hygiène morale*, p. 56. *Opium facit dormire*..... etc.

2° Mais nous devons le moi à la réflexion; la réflexion, c'est la comparaison et la causalité. Donc la liberté, identique au moi, dépend comme lui des organes réflectifs, et nous en revenons encore à ce ridicule duumvirat organique, ou plutôt à une véritable tautologie. Car, s'il est inniable que *comparer* et *conclure* de sa comparaison implique *vouloir* (et le mode inséparable de vouloir, c'est-à-dire *être libre*), prétendre que *vouloir* dépend de *comparer*, c'est prétendre que *comparer* dépend de *vouloir*. — Broussais arrive doublement par l'absurde à une affirmation involontaire de la liberté : bien involontaire, et suivie d'un prompt remords ; car le professeur se demande aussitôt :

« Mais l'homme *sera-t-il toujours aussi libre* « *lorsqu'il n'agira plus dans le but de prouver sa li-* « *berté* ? » Proposition sans pareille, qui nie ce qu'elle affirme, et affirme ce qu'elle nie ! — « Con- « clure à l'affirmative, ce serait montrer une « grande ignorance des *faits*. » Nous savons que *certains faits* doivent toujours prévaloir contre sens et raison. — « A quoi serviraient donc à « l'homme ses instincts et ses sentiments?..... « Ne sont-ils pas placés en lui *comme autant de* « *puissances destinées à lui faire faire de sa li-* « *berté un usage conforme au rôle qu'il joue dans* « *le monde?*..... Eh! oui, sans doute, ces puis- « sances ont pour objet de déterminer sa con- « duite, et, quoi qu'il en dise, *on le voit obéir à* « *celles qui sont les plus exercées par l'exemple et*

« *l'éducation, à celles en un mot que les circon-*
« *stances* ont rendu prédominantes : c'est ce qui « constitue les *mœurs* des nations, des socié- « tés....., etc. (1). » Quoi ! nous ne sortirons jamais de ce régime honteux de penchants, d'instincts, de sentiments personnifiés? — Mais faut-il être possédé de la manie du paralogisme pour aller chercher dans l'influence exercée par l'*exemple*, l'*éducation*, les *circonstances*, un argument contre la liberté? Qu'est-ce donc que l'exemple, sinon l'acte d'une volonté libre, précepteur indirect d'une autre volonté? Qu'est-ce que l'éducation, sinon la culture, plus ou moins heureuse, d'une volonté plus ou moins docile, par une autre volonté plus ou moins morale? Qu'est-ce que les mœurs, sinon une habitude héréditairement constante de volonté, de liberté sociale? Qu'est-ce que les circonstances, sinon l'atmosphère spirituelle de toutes les volontés et libertés humaines? Toute la vie de l'humanité n'est en définitive que l'expression de la dépendance nécessaire où se trouve la liberté, la volonté particulière, de la volonté, de la liberté universelle. Un esprit court ira se buter vainement contre la pauvreté morale de tel ou tel individu. Ce dénûment, que prouve-t-il? une prodigalité antérieure. Il faut toujours en revenir là. Est-il donc si difficile de remonter à une responsabilité? Il s'agit bien vraiment de la liberté de Paul ou de Jean? Est-ce là ce qui nous

(1) *Cours*, p. 692.

importe? Non. C'est la liberté des pères, *libertas avita*, dont l'intempérant exercice a (dans une certaine mesure) dissipé la liberté de Paul ou de Jean. Mais, de ce que mon père a gaspillé le patrimoine de moralité qui lui était transmis, s'ensuit-il qu'il ait légué sa ruine aux fils de l'étranger? Quelle ineptie! L'homme est libre, quoique l'individu soit souvent asservi ; ou plutôt, puisque l'individu est souvent asservi. Le servage prouve la franchise : la liberté humaine est démontrée par cette fatalité même dont elle relie solidairement toutes les générations plongées dans la mort qu'elles ont faite, s'écrie le prophète : *Infixæ sunt gentes in interitu quem fecerunt.* Que Broussais vienne encore nous dire : « Fait singu« lier en apparence! l'homme est libre dans tou« tes les actions indifférentes ; il ne l'est *presque* « *jamais* dans les grandes choses... Qu'il le dise : « Est-il libre de n'être pas ambitieux, colère, rusé, « circonspect, avide de posséder, indifférent, « affectueux, orgueilleux, bon, méchant, cruel, « confiant, crédule, chimérique? » *L'homme n'est* presque jamais *libre dans les grandes choses?* Ce *presque jamais* est déjà une réfutation suffisante. *L'homme est-il libre de n'être pas ambitieux, rusé, cruel?* Que voulez-vous dire par l'*homme*? Est-ce l'humanité? Oui, l'homme-humanité est libre de mériter ou de démériter (1). Toujours et partout,

(1) Bien entendu qu'il ouvre ou ferme son cœur aux prévenances de la grâce divine.

un temple pour la prière; toujours et partout, un tribunal pour la justice. Est-ce l'homme individu? Mais, encore un coup, qui vous dit que cet homme, que vous prenez pour exemple, n'a pas, dès le principe, aliéné lui-même sa liberté au caprice de ses penchants? qui vous dit que ce n'est point à la liberté d'un père ou d'un aïeul qu'il faut demander compte de cette dépravation fatale? qui vous dit enfin que l'être déchu est tout à fait innocent du joug qui l'opprime? *delicta majorum immeritus luens.* Un individu, mille individus; un fait actuel, mille résultats présents; qu'importe? C'est la loi générale, constante, malgré les dérogations accidentelles; c'est l'homme dans les temps, c'est l'homme dans son passé et dans son avenir, c'est l'homme fils et père, c'est l'homme nation et humanité qu'il faut considérer; sans quoi toute philosophie repose sur le *mensonge du contingent* (1).

Mais le professeur insiste : « Je suis libre de « prodiguer ma fortune, dira l'avare; mais il ne « la prodiguera pas. Je suis libre d'être sage, « fidèle, économe, s'écriera le prodigue, le li- « bertin à qui l'on reproche ses écarts, et je serai « cela quand je voudrai; mais s'il n'a pas d'organe « qui puisse l'amener à changer de conduite, il « n'en changera pas, etc. (2). » Les énormités se pressent en peu de mots. — D'abord, accorder

(1) Fallacia accidentis.
(2) *Cours*, p. 694.

que l'homme sera libre s'il a les organes *du moi et de la volonté*, c'est encore une fois accorder qu'il sera libre s'il a la liberté. En second lieu, reconnaître UN IRRÉPARABLE ASSERVISSEMENT ORGANIQUE AU MAL, et le constater comme UN FAIT PARALLÈLE A celui de L'ASSERVISSEMENT ORGANIQUE AU BIEN, est une monstruosité d'empirisme qui ne va rien moins qu'à confondre et le bien et le mal, à nier la justice et le for intérieur, à légitimer l'égoïsme... On frémirait de l'immoralité intrépide de cette philosophie, si sa déraison manifeste ne faisait hausser les épaules. Car, si l'homme, malgré la conscience de sa dégradation, est incapable de se réhabiliter, faute d'organes, sans avoir à accuser l'homme, soit lui-même, soit ses auteurs, de la dépression, absence ou hébétation des organes nécessaires ; si, éprouvant de stériles remords, il n'est point tenu pour complice de leur inefficacité ; si cette impuissance de repentir n'est qu'un vice-innocent de conformation cérébrale; cette organisation qui permet une plainte, un cri de honte, en opprimant par une lourde fatalité tout effort réparateur, cette organisation qui laisse un rêve douloureux de liberté dans les chaînes d'un éternel esclavage, cette organisation, dis-je, n'est que l'instrument de je ne sais quelle absurde et brutale tyranie ! Mais, selon les phrénologistes, l'organisation est la raison dernière de l'homme ; l'organisation est l'homme même. Quelle est donc cette organisation qui s'opprime dans une de ses parties? Quelle est donc cette vie divisée contre elle-même? Comment et pourquoi cette division? Comment et pourquoi cette guerre intestine? Ici encore, pressé entre l'alternative de nier le Créateur par le désordre de la créature, ou de reconnaître, au préjudice de toute sa doctrine, l'existence d'une liberté coupable de ce désordre, le phrénologiste a pris le parti d'accepter, comme cas indifférent, cet état de trouble et d'antagonisme interne, et L'IMPERSONNALITÉ DANS LE MAL EST DEVENUE UN FAIT PHYSIOLOGIQUE COMME L'IMPERSONNALITÉ DANS LE BIEN! Étrange enseignement!

Je ne puis m'empêcher de relever encore ici cette singulière conception de la liberté humaine que je trouve dans l'ouvrage: *Qu'est-ce que la phrénologie?* « Il est évident, dit l'auteur, que *l'homme* « n'est un être moral, et *ne jouit d'un certain de-* « *gré de liberté que grâce à sa raison;* que *cette* « *raison elle-même est traduite et mesurée par le* « *degré de liberté de ses actions;* et que *la volonté* « *éclairée,* qui lui fait préférer quelquefois le « contraire de ce qu'il désire dans la violence de « ses passions, *n'aurait ni ce caractère, ni cette puis-* « *sance sans la raison qui lui donne un peu de li-* « *berté* (1)! »

La fin de cette proposition n'est qu'un cercle: le commencement veut être traduit et expliqué.

(1) *Qu'est-ce que la phrénologie?* p. 214.

La liberté, selon M. Lélut, n'est que le mode d'action de la raison ; il n'y a liberté que là où il y a raison. La liberté n'est donc que l'expression de la volonté raisonnable. Fort bien; mais c'est prendre pour ce qui est, ce qui devrait être. Or, en vertu de cet optimisme clément, l'homme n'étant libre qu'en tant que raisonnable, perd la liberté avec la raison, et dès lors l'être qui a prostitué sa raison à ses penchants, l'avare, l'intempérant, l'adultère, etc., n'aurait guère plus de liberté que le malheureux en démence : d'où il suivrait que LA SOCIÉTÉ SERAIT TENUE D'INDULGENCE ENVERS LE CRIME. Absurde et funeste doctrine. La liberté des actions n'est pas plus le critérium de la raison, que la raison n'est le critérium de la liberté. Il est évidemment faux *que l'homme ne soit libre que grâce à sa raison;* car il a la liberté de la déraison (ou de *sa* déraison), en d'autres termes la faculté du mal ; et cette déraison, sans doute, est fort éloignée de la démence, à moins que l'on n'admette une démence intelligente, volontaire, délibérée, et relevant de la vindicte sociale. Il n'est pas moins évidemment faux *que la raison soit traduite et mesurée par le degré de liberté.* L'ambitieux, le cupide, le libertin est parfaitement raisonnable dans l'exercice de cette liberté qui le perd : exercice qu'il juge, qu'il calcule, qu'il prémédite; et sa condamnation est là ! l'admirable énergie du mot *libertin* exprime, par la réprobation qu'il implique virtuellement, l'*affranchissement volontaire* de la loi du devoir, et le démérite de l'engagement servile contracté avec les passions. Plaignez donc l'esclave qui s'est adjugé lui-même à sa passion dominante, et renouvelle à toute heure le marché par lequel il se vend! Excusez cet esclave qui aime, qui veut, qui exploite sa honte! Et croyez-vous de bonne foi que, s'il ne se complaisait dans le pécule infâme qu'il en retire, il ne recouvrerait pas la liberté : celle du bien; car, répétons-le, cet esclavage est la liberté du désordre. Ainsi le problème de *la raison, du libre arbitre et de la volonté*, ne se réduit pas, comme le veut le docteur Lélut, *à savoir si l'homme est très-raisonnable et très-libre*, question infiniment absurde, mais à demander si l'homme est libre d'être raisonnable : ce qui ne fait aucun doute.

principe déchu ne croit jamais, ne veut jamais croire à une déchéance sans retour; et, dans le dernier degré de misère, il laisse échapper ces paroles qui condamnent son impuissance : Je pourrai, quand je voudrai. – Cependant le corps exige toujours, et il obtient; et plus il obtient, plus il exige; et il exige jusqu'à ce qu'il se tue, et avec lui son maître imbécile. Car c'est la vérité même qui enseigne que *la mort,* la mort du corps et de l'âme *est la solde du péché*, de la prévarication sensuelle. Que si l'âme distincte du corps est si inclinée à une complaisance malheureuse et maudite, qui, malgré la conscience et la loi, la fait consentir à sa propre perte; que sera-ce de cet organisme phrénologique, abandonné à je ne sais quelle intelligence zoophyte, autorité dérisoire qui va chercher sa règle dans des organes tendant sans cesse au dérèglement! Il en sera comme d'une arme qui éclate dans les mains de l'idiot, ou bien plutôt encore comme d'une machine *fatale* qui, par explosion spontanée, détruirait tout, autour d'elle, en se détruisant elle-même.

Concluons.

La phrénologie, en niant la spiritualité de l'âme ou l'âme elle-même, nie nécessairement les rap-

Et eris sicut dormiens in medio mari, et quasi sopitus gubernator amisso clavo. — Et dices : Verberaverunt me, sed non dolui : traxerunt me, et ego non sensi. Quando evigilabo et rursùs vina reperiam? (Prov. XXIII, 33, 34, 35.)

§ 3.

LA RAISON, LA LOI MORALE, CONCLUSION.

Revenons au cours de Broussais.

Après avoir résolu, comme nous savons, les questions du *moi*, de *la volonté* et de *la liberté*, il arrive au dernier terme de l'énoncé *la raison*, et voici d'abord la définition qu'il propose.

« Ne faut-il pas voir dans le *mot* raison, le *signe* « *de la concordance* des principales facultés de l'in- « telligence, avec des sentiments et des instincts, « dominés par les deux facultés supérieures de « cette intelligence? »

Ainsi le *mot* raison, déchu de son acception antique et universelle, n'est plus l'expression d'une réalité vivante, le nom de cette puissance qui permet à l'homme de mettre son esprit et son cœur d'accord avec la sagesse souveraine; il n'est guère qu'une explétive grammaticale, le dénominateur inerte de l'harmonie des fonctions, le représentatif de cet équilibre maintenu par la domination des deux facultés supérieures entre les facultés instinctives, morales et intellectuelles. Or, cette domination nécessaire doit être au service d'une fin à accomplir. Quelle est cette fin, selon la phrénologie? Nous la savons déjà, mais il est bon d'en rappeler encore quelque chose, et nous empruntons à une charte physiologique fort curieuse, promulguée par un phrénologiste déterminé, les dispositions suivantes :

10. « Toutes les facultés par cela seul qu'elles « existent ont droit d'exister, et par conséquent « de se développer; *l'homme est donc appelé par* « *son organisation même à satisfaire tous ses be-* « *soins.*

12. « *Aucune faculté n'a droit de dominer* (1) *et* « *d'anéantir les autres. Mais les facultés intellec-* « *tuelles sont chargées d'éclairer les instinctives et* « *les morales qui ne savent pas choisir.*

13. « *La seule limite légitime au développement* « *d'une faculté est l'existence d'une autre fa-* « *culté* (2). »

De ces articles combinés entre eux, et comparés à la définition précédente, il suit que la fin toute physiologique, assignée à la domination normale des facultés supérieures, rend cette domination physiologiquement impossible; le principe de la satisfaction de tous les besoins, contradictoire à la loi de modération conservatrice,

(1) *Dominer* est ici dans le sens d'opprimer; car l'auteur reconnaît une *domination* intellectuelle.

(2) *Hygiène morale*, p. 267.

ruinant toute la doctrine de l'*harmonie* ou de la *concordance* des fonctions.

Mais d'abord cette loi d'où dépend l'équilibre vital, cette loi, révélée, dit-on, dans l'intérêt de l'organisme, par l'organisme même, lui est-elle invariablement inhérente pour s'accomplir avec la constance et la régularité d'une loi naturelle? Evidemment, non : car, à tout instant, elle est niée, violée, abolie. Cette loi n'est donc point organique. Mais si elle n'est pas organique, d'où vient-elle? — Est-elle l'expression de l'intelligence collective qui maintient tous les organes dans leurs droits et devoirs respectifs? On pourrait l'inférer de cette disposition de l'article 13 : « La seule li-« mite légitime au développement d'une faculté « est l'existence d'une autre faculté. » Donc le respect de l'existence fraternelle serait le premier devoir imposé à tout organe. Mais, pour accomplir un devoir, il faut le *connaître*. Prêterons-nous donc une certaine *connaissance* aux organes les plus grossiers, tels que ceux de l'*alimentivité*, de l'*amativité*, de la *destructivité*, etc., pour qu'ils sachent limiter leur développement, en sorte qu'il ne compromette point l'existence des facultés intellectuelles qui doivent dominer. Or, si l'*alimentivité*, par exemple, peut sortir de son département tout gastronomique, et s'élever jusqu'à connaître, je ne vois pas pourquoi la *comparaison* ne s'abaisserait pas jusqu'à manger. Que devient alors cette distinction des organes aveugles et des intelligents? Que si l'intelligence est semée dans tous les organes, il y a autant de *connaissances*, autant de *volontés*, autant de *moi*, et la pluralité des égoïsmes entraîne l'anarchie ou du moins le fédéralisme fonctionnel. Que si l'organe végétatif est entièrement dépourvu de lumière, comment pourra-t-il rien savoir des limites de son développement légitime? S'il n'en sait rien, comment pourra-t-il les respecter? Si elles ne sont pas respectées, que devient encore l'harmonie organique? Si, d'autre part, le physiologisme ne suppose point dans les organes inférieurs une certaine connaissance, et par conséquent une certaine liberté, il proclame, en se réfutant lui-même, la nécessité de la *domination absolue* des facultés supérieures : car enfin, on ne peut laisser sans péril extrême la moindre latitude à ces brutes organiques *qui ne savent pas choisir* (art. 12).

Cette prédominance nécessaire étant établie, le problème demeure entre la loi et les facultés réflectives. Dira-t-on qu'elle leur est suggérée par l'expérience acquise de leurs concessions et de leurs refus à l'égard des *instinctives* et des *affectives*? Mais une loi sera-t-elle jamais la formule d'une expérience tardive et obscure? Est-ce une loi, que le vague instinct d'un remède impuissant après un désordre trop souvent irréparable? — Qu'est-ce qu'une loi sans force préventive et sans dispositions constantes? Qu'est-ce qu'une loi dépendante des modifications individuelles, et abandonnée au hasard des variations atmosphériques? Et puis, supposer que l'expérience donne la loi, c'est supposer que la loi préexiste, et cette solution ne fait que ramener la question. — Si cette loi n'est point un fait physiologique, elle n'est pas non plus une conception virtuelle, un produit spontané des facultés réflectives. Car je ne sache pas encore ce que c'est qu'un organe législateur; une petite portion de matière cérébrale qui *dispose* et qui *oblige*. Or, loin de lui reconnaître la vertu de produire la loi, je ne comprends même pas qu'on l'érige en puissance chargée de son exécution. Cette hypothèse est loin d'être plus admissible que l'autre. Comment, en effet, concevoir que cette prétendue faculté dominatrice (comparaison,— causalité) manque à son devoir, sans liberté, et, si elle est libre, qu'elle puisse l'accomplir sans être affranchie de cette homogénéité grossière, qui la confond avec les organes qu'elle doit régir, et la rend normalement et légalement perméable à toutes les intempéries d'impulsions organiques et de réactions extérieures? Que l'esprit uni, mais étranger à la chair, s'oppose à la chair et la domine, le dualisme de l'âme et du corps me fait comprendre le dédoublement de la personne qui demande en son corps, qui refuse en son âme; mais que la chair s'élève contre la chair, mais que la chair domine sur la chair; mais le véto d'un organe contre les autres organes, mais le *quos ego* proclamé par une localité encéphalique contre telle autre province de l'encéphale ; cette promiscuité consubstantielle de souveraineté et de dépendance fatales offusque ma pensée, révolte et scandalise ma raison! — Ce n'est pas tout; lors même que la concession la plus indulgente laisserait à la phrénologie l'illusion de ses *deux organes prédominants* et de sa *loi physiologique*, il lui resterait encore à démontrer que le principe de la satisfaction de tous les besoins n'est pas un élément de perturbation, un suicide légal. Car enfin, dans quelle mesure les facultés supérieures refuseront-elles aux instincts, aux penchants, quand surtout les besoins se seront développés en raison des satisfactions accordées, et que les exigences des gouvernés seront d'autant plus impérieuses et plus légitimes que la complaisance irrépréhensible des gouvernants les aura plus souvent autorisées? — Que voulez-vous, diront un jour les facultés supérieures menacées, aux instincts assouvis? Vous dépassez les limites constitutionnelles? — Non; car nous avons le droit d'être satisfaits. — Mais, dans une juste mesure..., — qui n'est pas atteinte puisque nous ne sommes point satisfaits. — Insatiables aveugles, vous ne songez pas que votre convoitise nous tue et vous perd vous-mêmes! — Mensonge! Nous ne sommes pas satisfaits!..... Et puis il fallait nous sevrer dès nos premières instances. Il est trop tard aujourd'hui; l'aiguillon du besoin nous stimule, nous presse, plus acéré, plus irrésistible que jamais.

C'est qu'il ne faut point transiger avec le corps; c'est qu'il ne lui faut donner que ce que l'on ne saurait lui refuser sans injustice. Que si l'on reconnaît son droit à être satisfait, on reconnaît par là toute sa capacité de désirer, et il n'est point vrai qu'il sache régler ses désirs sur ses forces. Tous les excès sont justifiés, car ils ne sont tous, jusqu'aux plus grands, que la *satisfaction d'un besoin;* et plus la concupiscence se fortifiera, plus elle deviendra légitime, se transformant au dernier terme en *besoin de satisfaction.* Fort d'un droit illimitable, accoutumé à se faire obéir, ce corps en viendra à ne plus souffrir de refus. Cherchez à lui résister, et il vous emportera de violence. S'il n'est esclave, il est le maître, et maître d'autant plus dangereux qu'il arrive rarement que les puissances intérieures humiliées s'attachent à la pensée salutaire, et de leur affaiblissement, et de ses usurpations.

« Tes yeux, dit l'Écriture, regarderont les femmes étrangères, et ton cœur parlera le langage du vice. — Et tu seras comme un homme endormi au milieu de la mer, comme un pilote assoupi qui perd le gouvernail. — Et tu diras : Ils m'ont frappé, et je n'ai rien senti; ils m'ont entraîné, et je ne m'en suis pas aperçu. Quand me réveillerai-je, pour trouver encore du vin à boire (1)? » Le

(1) Oculi tui videbunt extraneas et cor tuum loquetur perversa. —

ports de l'homme à Dieu, rapports qui ne peuvent se concevoir que dans l'hypothèse de la ressemblance spirituelle du Créateur et de la créature. Nier ces rapports, c'est nier la loi morale; la loi morale ne pouvant être qu'une loi divine : *In lege Domini voluntas ejus,* dit le spsalmiste; la volonté de l'homme est dans la loi du Seigneur. Nier cette loi, c'est nier la volonté, la liberté, la raison humaine; car peut-on imaginer une raison, une volonté, une liberté, sans loi? Peut-on comprendre le néant? Nier la loi et la liberté, c'est reléguer la Providence dans l'abstraction, et l'homme dans ses sens; c'est pervertir toutes les notions de moralité, c'est briser tout lien social au profit de toute passion; c'est affranchir l'égoïsme animal; c'est invoquer le retour des saturnales du paganisme! Et tel est pourtant le dernier mot de cette doctrine qui prétendit un jour reprendre l'éducation de l'humanité!

XII

VUE DES QUATRE PRINCIPAUX SYSTÈMES SUR L'UNION DE L'AME ET DU CORPS.

Sortons enfin de cet abîme de ténèbres et d'extravagances qu'on appelle phrénologie, et ramenons la question à ses véritables termes.

L'âme existe; elle est le principe intelligent, volontaire et libre, uni à un corps pour agir sur le monde extérieur, et publier dans le temps ses résolutions et ses pensées. Mais ce corps qui lui sert d'instrument est-il directement soumis à son action? Exerce-t-elle sur lui une influence réelle? A-t-elle la faculté de le mouvoir? Sinon, faut-il faire intervenir dans ce mystérieux concours de l'esprit et des organes, la puissance ou la prescience infinie? Faut-il mettre en exercice un principe intermédiaire, nœud secret, lien vital de cette incompréhensible union?

Quatre systèmes sont donc en présence, et à ces quatre systèmes se réduisent à peu près toutes les hypothèses possibles sur ce sujet; car, en définitive, ou il y a influence de l'âme sur le corps et une sorte de réaction du corps sur l'âme; ou, l'âme et le corps étant étrangers l'un à l'autre, il n'existe aucune relation entre deux substances hétérogènes, entre la matière divisible et le moi indivisible; par conséquent, leur communication ne peut avoir d'autre cause que l'intervention active du Créateur ou l'efficace de sa prescience et de sa sagesse infinie. Enfin, reste à supposer un troisième principe duquel relèvent tous les phénomènes, tous les mouvements vitaux, médiateur entre la chair et l'esprit, suffisamment doué de prévoyance et de liberté pour accomplir, sans conscience toutefois, les fonctions qu'il répugne d'attribuer à l'esprit.

Ces opinions différentes sont connues sous les noms de *systèmes :* 1° *de l'influence* dont l'*animisme* de Stahl paraît n'être qu'un développement exagéré; 2° *des causes occasionnelles* de Descartes; 3° *de l'harmonie préétablie* de Leibnitz; 4° *du principe vital* de Barthez, suggéré par l'*archée* de Van Helmont.

Sous quelque point de vue que l'on considère ce commerce intime des deux substances qui constituent l'homme vivant, le problème demeure, éternellement cherché, éternellement insoluble. Inaccessible à tous les regards de la curiosité humaine, ce mystère de la pensée et de la vie tient en échec les plus grands génies et partage les maîtres de la science. Descartes et Leibnitz s'accordent sur un principe, mais sur ce principe ils bâtissent différemment. Newton, Clarke, Euler, leur contestent ce principe même et tiennent pour la doctrine de l'école, qui, après tout, sanctionnée par l'antiquité, ne contredit ni la toute-puissance de Dieu, ni le sens intime de l'homme.

Euler expose contradictoirement et avec sa lucidité habituelle les hypothèses de Descartes et de Leibnitz.

« Ces deux systèmes, dit-il, ont été établis par les philosophes qui nient hautement la possibilité de l'influence réelle d'un esprit sur le corps, quoiqu'ils soient obligés de l'accorder à l'Être-Suprême... L'un de ces deux systèmes fut imaginé par Descartes, il est nommé système des *causes occasionnelles*. Selon ce philosophe, quand les organes des sens sont excités par les corps extérieurs, Dieu imprime dans le même instant à l'âme immédiatement les idées de ces corps, et, quand l'âme veut que quelque membre du corps se meuve, c'est encore Dieu qui imprime à ce membre le mouvement désiré ; de sorte donc que l'âme n'est dans aucune connexion avec son corps. Il serait donc inutile que le corps soit une machine si merveilleusement construite, puisqu'une masse très-lourde eût été propre à ce dessein...»

Ajoutons que cette hypothèse de Descartes, en mettant pour ainsi dire l'action divine au service des volontés de l'homme, substitue nécessairement à l'action des forces particulières celle du moteur universel modifiée à l'infini; et la liberté humaine se trouve bientôt enveloppée et disparaît inévitablement dans l'immensité de l'action divine; car, de cette unité d'action dans la nature, on ne tardera pas à conclure à l'unité de substance : c'est ici que le système offre une pente glissante vers le spinosisme.

« Selon le système de l'*harmonie préétablie*, l'âme et le corps sont deux substances hors de toute connexion et qui n'ont aucune influence l'une sur l'autre. L'âme est une substance spirituelle qui développe par sa propre nature successivement toutes ses idées, pensées, raisonnements et résolutions, sans que le corps y ait la moindre part. Mais Dieu ayant prévu dès le commencement toutes les résolutions que chaque âme aurait à chaque instant, a arrangé la machine du corps en sorte que ses mouvements sont à chaque instant d'accord avec les résolutions de l'âme. Ainsi je lève à présent ma main; Leibnitz dit que Dieu ayant prévu que mon âme voudrait à présent lever la main, avait disposé la machine de mon corps en sorte qu'en vertu de sa propre organisation la main se lèverait nécessairement dans le même instant, et de même que tous les mouvements des membres du corps se faisaient tous uniquement en vertu de leur propre organisation qui avait été dès le commencement disposée de manière qu'elle fût en tout temps d'accord avec les résolutions de l'âme (1).

« Je remarque d'abord, poursuit Euler, qu'on ne saurait nier que Dieu n'eût pu créer une machine qui fût toujours d'accord avec les opérations de mon âme; mais il me semble que mon corps m'appartient par d'autres titres que par une telle harmonie, quelque belle qu'elle puisse être, *et je crois qu'on n'admettra pas facilement un système qui est uniquement fondé sur le principe qu'un esprit ne saurait agir sur un corps... Ce principe d'ailleurs se trouve destitué de toute preuve, les chimères de ses partisans sur les êtres simples ayant été suffisamment réfutées.* Et si Dieu, qui est esprit, a le pouvoir d'agir sur les corps, il n'est pas absolument impossible qu'un esprit tel que notre âme ne puisse agir aussi sur un corps..... Aussi ne disons-nous pas que notre âme agisse sur tous les corps, mais seulement sur une petite particule de matière sur laquelle elle en a reçu le pouvoir de Dieu même, quoique la manière soit incompréhensible (2). »

(1) *Lettres à une princesse d'Allemagne*, t. II, lett. LXXXIII, p. 10 et suiv.

(2) *Euler*, ib.

Grand et singulier système que celui de l'*harmonie préétablie*, qui, dès qu'on en admet ou rejette le principe, se prête avec une égale facilité aux conséquences les plus opposées.

Si l'on voit avec Leibnitz « la possibilité de cette *hypothèse des accords*, » on voit aussi avec lui « qu'elle est la plus raisonnable et qu'elle donne une merveilleuse idée de l'harmonie de l'univers et de la perfection des ouvrages de Dieu. » Et il faut encore lui accorder « qu'il s'y trouve aussi ce grand avantage qu'au lieu de dire que nous ne sommes libres qu'en apparence et d'une manière suffisante à la pratique, il faut dire plutôt que nous ne sommes entraînés qu'en apparence, et que, dans la rigueur des expressions métaphysiques, nous sommes dans une parfaite indépendance à l'égard de l'influence de toutes les autres créatures. Ce qui met encore dans un jour merveilleux l'immortalité de notre âme et la conservation toujours uniforme de notre individu, parfaitement bien réglée par sa propre nature, à l'abri de tous les accidents du dehors, quelque apparence qu'il y ait du contraire (1). »

Le principe une fois accordé, ce système offre une belle perspective, trop belle peut-être ; le point d'optique si habilement ménagé trahit l'artifice, et quelque beau spectacle qu'il procure, la vie n'y apparaît toujours que comme une illusion.

(1) *Leibn.*, *Opp.*, *ed. Dutens*, t. II, p. 55, in-4°.

Les grandes vérités qui s'y produisent ont je ne sais quel caractère d'évidence que la nature des choses ne comporte pas, et n'est-ce pas déjà une juste cause de défiance que l'évidence trop spécieuse de certaines solutions?

On a reproché à Leibnitz de subordonner l'action de l'âme à celle du corps, en établissant un certain parallélisme entre la suite des pensées et celle des mouvements, et l'on a comparé le mécanisme leibnitzien à un clavecin automate disposé à jouer les airs que l'âme voudra, pourvu qu'elle ne choisisse que ceux qui sont notés sur le cylindre. La critique et la comparaison portent à faux. Evidemment dans le système de Leibnitz l'âme peut choisir et jouer en elle-même une infinité d'airs sans consulter ni toucher le clavecin. Nulle part Leibnitz ne nous autorise à penser qu'il suppose une parité exacte entre l'activité de l'âme et celle du corps. Ce qu'il suppose, c'est l'exactitude de la correspondance entre les deux substances; mais nulle part il ne subordonne l'activité intelligente et libre à la nécessité de cette correspondance; nulle part Leibnitz ne conteste à l'âme la faculté de se passer de son corps pour développer une suite quelconque de pensées. L'égalité apparente entre la somme des idées et celle des mouvements qui les expriment ne laisse donc rien préjuger contre la différence existant nécessairement entre la quantité des uns, limitée comme la matière qu'ils modifient, et celle des autres qui n'a de terme que les limites inconnues de l'intelligence et de la liberté humaine.

Quant à l'imputation de détruire la liberté, elle n'est pas plus juste. Le système de l'harmonie me représente une certaine suite de mouvements en concordance avec une certaine suite de pensées. A cette hypothèse mécanique, je préfère de beaucoup le système de l'influence qui, plus convenablement, place l'action sous la main de l'intelligence; mais après tout, il n'y a là aucune objection possible contre l'harmonie préétablie qui ne puisse s'élever contre l'ancienne doctrine: l'une et l'autre voie nous amènent à cette commune difficulté d'accorder le libre arbitre de l'homme avec la prescience de Dieu.

C'est uniquement dans sa base que l'hypothèse de Leibnitz pèche et peut être attaquée, et, comme il arrive à tout système fortement lié, l'ensemble se voit différemment, suivant le jour qui éclaire le principe.

Discutant le principe même, Clarke en exprime très-logiquement les conséquences suivantes:

« Il est déraisonnable de prétendre... que nous admettions une hypothèse aussi étrange que l'est celle de l'*harmonie préétablie,* selon laquelle l'âme et le corps d'un homme n'ont pas plus d'influence l'un sur l'autre que *deux horloges* qui vont également bien, quelque éloignées qu'elles soient l'une de l'autre et sans qu'il y ait entre elles aucune action réciproque. Il est vrai que l'auteur dit que Dieu, prévoyant les inclinations de chaque âme, a formé dès le commencement la grande *machine de l'univers* d'une telle manière, qu'en vertu des *simples lois du mécanisme,* les corps humains reçoivent des *mouvements convenables*, comme étant des parties de cette grande machine. Mais est-il possible que de *pareils mouvements* et autant diversifiés que le sont ceux des corps humains soient produits par un mécanisme sans que *la volonté et l'esprit* agissent sur les corps? Est-il croyable que lorsqu'un homme forme une résolution et qu'il sait un mois par avance ce qu'il fera un certain jour ou à une certaine heure, est-il croyable, dis-je, que son corps, en vertu d'un simple mécanisme, qui a été produit dans le monde matériel dès le commencement de la création, se conformera ponctuellement à toutes les résolutions de l'esprit de cet homme au temps marqué? Selon cette hypothèse, tous les raisonnements philosophiques fondés sur les phénomènes et sur les expériences deviennent inutiles. Car si l'*harmonie préétablie* est véritable, un homme ne voit, n'entend et ne sent rien, et il ne meut point son son corps, il s'imagine seulement voir, entendre, sentir et mouvoir son corps. Et si les hommes étaient persuadés que le corps humain n'est qu'une *pure machine,* et que tous ses mouvements qui *paraissent volontaires*, sont produits par les lois nécessaires d'un *mécanisme matériel*, sans aucune influence ou opération de l'âme sur le corps, ils en concluraient bientôt que cette *machine est l'homme tout entier* et que *l'âme harmonique,* dans l'hypothèse d'une *harmonie préétablie*, n'est *qu'une pure fiction et une vaine imagination*. De plus, quelle difficulté évite-t-on par le moyen d'une si étrange hypothèse? On n'évite que celle-ci, savoir qu'il n'est pas possible de concevoir comment une *substance immatérielle* peut agir sur la matière. Mais Dieu n'est-il point une substance immatérielle et n'agit-il point sur la matière? D'ailleurs est-il plus difficile de concevoir qu'une *substance immatérielle* agit sur la matière que de concevoir que la matière agit sur la matière (1)? »

Je dis plus. Conçoit-on mieux que l'âme replie ses pensées, pèse ses incertitudes, balance entre ses désirs, agisse, en un mot, sur elle-même? Quoi! *cela* qui n'était pas hier, est aujourd'hui, et non-seulement *cela* est, mais *cela* se connaît, se juge, se détermine, possède une intelligence et une liberté qui peuvent jusqu'à certain point contredire l'Intelligence et la Volonté de celui qui fait être, vivre et vouloir ce néant! n'est-ce pas encore plus inconcevable?

On se préoccupe trop de la nature des corps et l'on ne songe plus à celle de l'esprit; l'on oublie la Toute-Puissance du Créateur: et de cette préoccupation exclusive naîtra bientôt la négation

(1) Ve *Réplique de Clarke à Leibnitz*, ib., p. 191.

systématique de l'existence de l'esprit et de l'acte même de la création.

Les deux grands systèmes des *causes occasionnelles* et de *l'harmonie préétablie*, si savamment conçus pour éliminer de la philosophie le matérialisme, le fatalisme et le scepticisme, ramènent donc précisément ces erreurs que leur but est de proscrire : c'est qu'un principe faux ou arbitraire ne saurait rendre un bon service à la vérité même qu'il défend. Depuis Descartes et Leibnitz, le déisme, le sensualisme, le naturalisme, toutes les formes de l'incrédulité ont régné dans la philosophie; et après tant de vicissitudes d'opinions la question se représente. Abordée de nouveau par les philosophes contemporains, mais avec une immense infériorité de science et de conception, elle sert du moins à constater l'indigence de toute doctrine qui ne veut rien devoir aux lumières révélées.

La psychologie actuelle semble reconnaître à l'âme une certaine action sur son corps, une faculté d'impulsion, une force motrice; mais elle ne lui reconnaît pas la puissance végétative, la force vitale; et voici la seule raison sur laquelle cette répugnance se fonde : « L'âme n'a point ce sentiment intérieur que Locke dit être la caractéristique nécessaire de ses opérations, lorsque tous les mouvements nécessaires à la vie se produisent dans l'homme. »

« L'homme, dit Maine de Biran, n'est pas plus

une pure intelligence servie par des organes, qu'il n'est une organisation servie par un esprit. Il y a des organes de perception qui obéissent à la volonté; ceux-là seuls peuvent être dits servir l'intelligence; il en est d'autres de pure sensation qui, placés par la nature hors de la sphère d'activité de la personne ou du Moi, peuvent entraîner et subjuguer la volonté, sans lui obéir en aucun cas; obscurcir et absorber l'intelligence sans jamais lui porter la lumière. »

Paroles étranges, à mon avis, dans la bouche du philosophe qui prétend rétablir la psychologie sur les bases de la liberté morale ! Et d'abord où peut mener cette notion vague et incertaine de l'homme, qui ne serait ni une intelligence servie par des organes, ni une organisation servie par une intelligence? Rien ne s'en peut conclure, sinon que l'âme et les organes sont associés, on ne sait ni pourquoi ni comment, pour vivre dans une mutuelle indépendance. La personne humaine est donc dans un état de divorce naturel avec elle-même : voilà des organes de perception qui *obéissent seuls à la volonté;* d'autres de pure sensation, *placés hors de la sphère d'activité de la personne ou du moi qui peuvent entraîner et subjuguer la volonté sans lui obéir jamais.* Ne dirait-on pas qu'il n'existe aucune communication entre les organes de la perception et les organes de la sensation pure? Comme si la perception n'était pas saisie de son objet à l'occasion de l'ébranlement sensitif? Que si, ce qui n'est pas douteux, les organes de la sensation et ceux de la perception sont entre eux dans les mêmes rapports que les facultés de sentir et de penser, il est naturel de croire que les organes prêtent un concours diversement utile à un seul et même but, le développement dans le temps de la force spirituelle qui leur est unie. En vérité, je ne saurais m'expliquer le mépris et le dénigrement qu'affectent certains philosophes spiritualistes pour cette célèbre proposition dont M. de Bonald n'est guère que le dernier rédacteur : « L'homme est une intelligence servie par des organes. » Est-ce cette expression : *servie*, qui soulèverait tant d'indignation? supposerait-on que ce grand philosophe chrétien, oubliant que l'âme a primitivement abdiqué ce pouvoir absolu sur son corps, entende autre chose ici qu'une coopération d'instruments plus ou moins dociles, suivant l'usage plus ou moins légitime qu'en fait la volonté? Mais l'inexactitude de la citation trahit assez les préventions hostiles; car M. de Bonald ne dit pas : *pure* intelligence servie par des organes. Sens absurde, contradiction grossière! — Qu'importe? on veut à tout prix sacrifier cette définition si noble et si claire, et l'on en vient à admettre *des organes de pure sensation qui entraînent et subjuguent la volonté sans lui obéir en aucun cas; qui obscurcissent et absorbent l'intelligence sans jamais lui porter la lumière.* Ainsi l'âme, complétement étrangère à certains phénomènes de sensation, devient excusable de désordres qu'elle ne saurait prévenir ni réprimer, faute d'en connaître. Nous voilà bientôt en pleine organologie; nous retournons aux *penchants irrésistibles*, aux *facultés aveugles*.

Mais « comment assigner quelque ressemblance, dit Maine de Biran, entre des faits aussi essentiellement divers par leur nature que le sont par exemple tels actes intérieurs de vouloir, de souvenir, de jugement, de réflexion, et telle fonction ou mouvement organique représenté à l'imagination ou aux sens? La différence seule des deux modes d'observation par lesquels nous pouvons constater ces deux natures de faits ne suffit-elle pas pour montrer toute l'absurdité qu'il y aurait à ranger dans la même catégorie des choses aussi hétérogènes, à leur appliquer les mêmes lois, les mêmes dénominations, à les rattacher enfin à la même cause? »

Or, la question n'est pas là. Il ne s'agit pas d'assigner quelque ressemblance entre des faits *essentiellement divers*, mais de savoir si des faits différents ne peuvent pas se produire sous l'influence d'une même force dont la nature et l'activité nous sont également inconnus.

L'argument tiré du double mode d'observation est d'une faiblesse extrême. Car d'abord la Vérité ne se prouve pas ordinairement par la Méthode; c'est plutôt la Méthode qui se prouve par la Vérité. En second lieu, de cet argument que suit-il? que deux ordres de phénomènes existent, ce qui n'est point contesté ; mais nulle preuve contre la possibilité de les rattacher à une cause unique.

Et de ce que ces phénomènes se rattacheraient à la même cause, il ne faudrait nullement conclure qu'on dût les confondre avec des phénomènes hétérogènes, *leur appliquer les mêmes lois et les mêmes dénominations.*

Enfin, la philosophie obstinée à désintéresser l'âme de toute participation au développement vital de l'économie, devrait bien répondre à une question que me suggère souvent cette pensée simple et profonde :

« Mystérieuse alliance de l'âme et du corps! s'écrie l'auteur d'*Édouard.* Qu'est-ce que cette enveloppe fragile qui obéit à une pensée, que le malheur détruit et qu'une idée fait mourir (1)? »

M. Jouffroy, comme Maine de Biran, veut que le moi ne soit rien que ce qu'il a conscience d'être : L'âme n'est donc que pensée, volonté, sentiment. Et cependant, sans cette raison, l'hypothèse même de Stahl lui semblerait plausible :

« Quoi de plus admissible, dit-il, que l'hypothèse d'une cause s'enveloppant par la volonté de Dieu d'un corps destiné à devenir l'instrument de son action et l'organe de ses facultés, et forcée tout à la fois par sa nature d'aller à sa fin

(1) *Edouard*, t. II.

propre, et, par sa condition accidentelle, à entretenir ce corps qu'elle a créé. Et, je le demande, qui pourrait soutenir que cette hypothèse n'est pas la vérité même, si nous n'avions pas conscience de la cause qui est nous, et si cette conscience ne nous attestait pas que cette même cause n'est pour rien dans les opérations qui créent et conservent l'agrégation matérielle? »

Ce raisonnement serait sans réplique, s'il ne supposait avec confiance la mise au néant d'une opinion qui n'est pas même hors de combat.

M. Jouffroy continue :

« On a dit : Nous ne saisissons pas la substance du moi ; nous ne le connaissons que par ses attributs comme la matière, autrement nous aurions une idée claire de la nature de cette substance, tandis que nous n'en avons aucune idée. On a conclu de là que l'être *moi* nous échappait, et sans faire attention *qu'autre chose est la cause qui est nous, autre chose la substance à laquelle elle peut être attachée*, on a enveloppé le moi cause dans l'axiome. »

L'erreur capitale d'un système suit ce système dans tous ses développements. L'erreur de la philosophie actuelle consiste à écarter de la psychologie toute idée de *surnaturalisme*, de *mysticisme*, à proscrire l'expression même de *mystères*, comme si la proscription du mot entraînait la suppression de la réalité. Cette erreur, nous la retrouvons ici. C'est elle qui combat l'axiome reçu; et pourtant cet axiome n'est pas une chimère. Car c'est une vérité que rien ne nous est intimement connu en tant que substance; qu'en tant que substance tout nous fuit, tout, jusqu'à nous-mêmes; nous ignorons ce qui constitue l'essence de la matière, nous ne la percevons que par les phénomènes qu'elle présente à nos sens. Dieu nous est voilé; nous ne nous élevons à connaître de lui rien autre chose sinon qu'il est; et c'est uniquement par les faits de puissance, de sagesse, de providence qui éclatent dans le monde, *per ea quæ conspiciuntur*, que nous atteignons son existence. Dirons-nous donc que ces faits sont Dieu même? Cela serait insensé. Le moi qui ne peut avoir de sentiment plus intérieur et de connaissance plus certaine que le sentiment et la connaissance de lui-même, le moi ignore pourtant de soi-même ce par quoi il est cet être qui se sent et se connaît, tout comme il ignore le principe premier de la matière, l'essence et la nature divine. Or, voilà précisément le nœud inextricable, le mystère éternellement incompréhensible, mystère qui est en nous comme hors de nous. Dire que nous ne sommes rien que ce que la conscience nous assure d'être, c'est-à-dire sentiment, pensée, volonté, c'est dire que Dieu n'est que ce que notre raison conçoit de lui, sagesse, providence, puissance, et rien de plus; que la matière n'est que ce que nos yeux en perçoivent, une succession de phénomènes. Mais, exclure ainsi de la conception de Dieu, de l'homme et de la nature, la notion capitale et suprême, la notion de substance, c'est entrer dans ces voies funestes qui tendent à faire de la matière une illusion; de Dieu, une abstraction; de notre âme, un peut-être; c'est ouvrir à deux battants la porte au scepticisme et introduire dans la science le principe négatif de la science.

Je ne sais si M. Jouffroy sent le vide et l'équivoque de sa réponse; mais, si je ne me trompe, son incertitude se montre dans ces paroles : « Dans la confusion perpétuellement faite, dit-il, du moi comme substance et du moi comme cause... on a conclu que l'être moi nous échappait, sans faire attention qu'*autre chose est la cause qui est nous, autre chose la substance à laquelle elle peut être attachée.* » Qu'est-ce à dire? M. Jouffroy ne reconnaît-il donc dans l'homme qu'une substance, la substance corporelle? l'âme ne serait-elle à ses yeux qu'un phénomène, qu'une pensée pure, qu'un mouvement? s'il ne l'admet pas comme substance, elle n'est donc pour lui que dans l'*acte*, elle n'est que l'*acte* même? Il exclut donc l'idée de substance de la notion des êtres spirituels? « Si par substance, dit-il encore, on entend ce qui est supposé par les modifications, l'âme se sent substance, comme elle se sent cause; si par substance on entend le *substratum* de la cause, l'âme ne sent pas un tel *substratum*, et il est permis de douter qu'une force en suppose un (1). » Proposition d'une étrange ambiguité, et qui semble établir à la fois l'affirmative et la négative, si elle ne confond la cause avec la substance. Accorder en effet que l'âme se sent substance comme elle se sent cause et nier en même temps le *substratum* de la cause, n'est-ce pas confondre l'une et l'autre notion? Si, d'autre part, on reconnaît une différence entre *se sentir cause et se sentir substance*, pourquoi nier le *substratum*? Cette négation réduit l'âme à n'être qu'un pur acte, qu'un mouvement, et non plus un être permanent et subsistant en soi. Quant à ce doute, savoir si une force suppose un *substratum*, je me contenterai de rappeler ces paroles célèbres de Leibnitz : « La force active diffère de la puissance nue, admise dans les écoles. Cette puissance ou faculté active des scolastiques n'est rien qu'une possibilité prochaine d'agir qui pour passer à l'acte a besoin d'un *stimulus*, d'une excitation étrangère. Mais la force active renferme en elle-même un acte, une *entéléchie ;* elle est comme moyenne entre la faculté d'agir et l'action même, et elle enveloppe l'effort (2). »

(1) *De la légitimité de la distinction de la physiologie et de la psychologie.*

(2) Differt enim vis activa à potentiâ nudâ vulgo scolis cognitâ quod potentia activa scolasticorum seu facultas, nihil aliud est quàm propinqua agendi possibilitas quæ tamen alienâ excitatione et velut stimulo indiget ut in actum transferatur. Sed vis activa actum quemdam sive ἐντελέχειαν continet atque inter facultatem agendi ac-

Ainsi, loin de séparer et loin de confondre la notion de substance et celle de cause, Leibnitz conciliait l'une et l'autre. La cause était pour lui la caractéristique de la substance.

La conscience est la mesure exacte de tout ce que nous sommes en tant que force morale; mais s'ensuit-il qu'elle le soit de tout ce que nous sommes en tant que substance vivante? De ce que l'âme n'est pas saisie de la pleine connaissance du ministère actif qu'elle exerce sur l'organisme, je n'en conclurai point que ce ministère soit une fable. Et une raison suffisante de son ignorance à cet égard serait précisément cette régularité nécessaire que le Créateur impose au développement des fonctions naturelles. Car, dans la longue habitude de déviation où nous sommes, cette régularité n'existerait point si l'action vitale de l'âme était soumise à sa connaissance et par suite dépendante de sa volonté. Que de perturbations et de désordres contrediraient à chaque instant l'intention finale du Créateur! Ces contradictions il ne les lui a pas permises, et l'a laissée dans l'ignorance de son action sur le corps pour assurer précisément la constance et la durée de cette action.

« Cette limitation constante de l'influence de

tionemque ipsam media est et conatum involvit; atque ità per seipsam infertur; nec auxiliis indiget, sed solâ sublatione impedimenti. (*Leibn. Opp.*, t. II, p. 20, in-4°.)

l'âme sur le corps était nécessaire, selon Barthez, pour assurer la durée de la vie que les passions fortes auraient abrégée (1). » Et cependant cette action que l'âme semble exercer si fatalement sur le corps n'exclut pas toute influence morale et volontaire : « Il n'y a rien, dit Bossuet, qui paraisse moins soumis à la volonté que la nutrition, et cependant elle se réduit à l'empire de la volonté en tant que l'âme, maîtresse des membres extérieurs, donne à l'estomac ce qu'elle veut, et dans la mesure que la raison prescrit... Et l'estomac en reçoit la loi, la nature l'ayant fait propre à se laisser plier par l'accoutumance. L'âme règle aussi le sommeil et le fait servir à la raison... En commandant aux membres les exercices pénibles, elle les durcit aux travaux... Elle se fait un corps souple et plus propre aux opérations intellectuelles. La vie des saints religieux en est une preuve. Elle étend aussi son empire sur l'imagination et les passions, c'est-à-dire sur ce qu'elle a de plus indocile. Les passions dans l'exécution dépendent des mouvements extérieurs, il faut frapper pour achever ce qu'a commencé la colère, il faut fuir pour achever ce qu'a commencé la crainte : mais la volonté peut empêcher la main de frapper et les pieds de fuir (2). »

(1) *De la science de l'homme*, par Barthez, in-8°.

(2) *De la connaissance de Dieu et de soi-même*, chap. III, XVI.

« La volonté, dit Burdach, a de l'influence sur la circulation, tant parce qu'elle en exerce une sur la respiration que parce qu'il dépend

On peut penser sans sentir, comme on peut sentir sans penser; mais il n'est possible ni de penser ni de sentir sans *se sentir*. Or, le sentiment, cette propriété inséparable du moi, source de toute impression, principe de toute réaction, qui relie dans le même sujet la pensée et les instincts, les volontés et les appétits, les résolutions et les mouvements, cette propriété est nécessairement inhérente à la substance même de l'âme, et c'est par là qu'elle peut et doit avoir sa liaison avec le corps. Par l'intelligence et la volonté, elle est en communion avec le monde spirituel, et elle ne peut manifester son activité intelligente et volontaire sans avoir de cette activité une conscience aussi claire que ce monde intelligible, que ce monde de lumière. Mais si, par la sensibilité, par ce fond inconnu de son être, elle se trouve en contact avec des éléments grossiers et périssables, il doit en être pour l'âme, dans ses rapports avec *ce corps de mort*, comme il en est pour elle dans ses rapports avec le monde extérieur et la matière. Elle ne peut avoir de ce côté que des notions confuses et obs-

d'elle de faire naître des efforts musculaires qui n'ont pas besoin d'être visibles, puisqu'ils ne peuvent consister qu'en une simple tension. Elle a d'ailleurs le pouvoir de rappeler une affection ou une émotion par le moyen de l'imagination. Mais, de même que toute force acquiert par l'exercice, de même aussi certains individus ont pu en venir au point d'être maîtres de déterminer des changements considérables dans leur circulation.

(Burdach, *Traité de Physiologie*, t. VII, p. 87.)

cures, parce qu'elle n'a de perceptions distinctes et de lumière véritable que par la face qu'elle présente au monde intellectuel. Cette lumière souveraine qui l'éclaire ne lui permet pas de *voir* hors des rayons qu'elle lui donne; et, dans cette ignorance nécessaire où elle est des objets extérieurs et sensibles, l'âme doit reconnaître et sa limitation et sa grandeur. Sa limitation, puisqu'il existe quelque chose sur quoi elle agit, à quoi même elle est unie, et qu'elle ignore à la fois et les lois de cette union où elle est engagée et de cette action qu'elle exerce. Sa grandeur, puisqu'il n'y a que la vérité même et la pure lumière avec qui elle ait quelque proportion véritable et une correspondance légitime. « L'âme, dit Leibnitz, est un petit monde où les idées distinctes sont une représentation de Dieu, et où les confuses sont une représentation de l'univers (1). »

S'il ne fallait attribuer à l'âme que les faits qu'elle produit avec une pleine et parfaite information, il faudrait donc chercher ailleurs qu'en elle la source des conceptions ou imaginations involontaires qu'elle forme dans les moments d'oisiveté, de rêverie ou de sommeil, comme aussi de l'intelligence singulière qui se manifeste dans certaines maladies, dans certains cas de catalepsie et de somnambulisme. Si l'on refuse à l'âme toute action hors des limites de la con-

(1) *Nouv. Ess. sur l'entendem. hum.*, in-4°, p. 66.

science, faudra-t-il attribuer à ce *principe vital*, que je ne sache pas investi de la faculté de connaître et d'imaginer, ces étranges phénomènes d'imagination et de connaissance? Ou bien admettrons-nous un nouveau principe distinct à la fois et du *principe vital* et *du principe intelligent*? A quelque hypothèse que l'on s'arrête, il reste toujours à expliquer, dans l'état normal, ce fait constant de *rumination intellectuelle* qui, soit pendant le sommeil, soit après une certaine léthargie de l'attention et de la mémoire, nous suggère tout à coup une perception de la vérité plus nette et plus distincte? Quel est donc ce sommeil où l'intelligence, à son insu, a puisé la lumière? Quelle est cette voie que la vérité a su se faire en nous dans l'intervalle d'un long oubli? Elle a donc, pour ainsi dire, circulé dans notre âme presque aussi fatalement, aussi involontairement que le sang circule dans les veines.

Cette idée du développement spontané de la vérité dans l'homme qui m'a toujours fort préoccupé, je la retrouve chez Leibnitz, et il en fait même une des bases de son système. « Je crois, dit-il, qu'il y a toujours une exacte correspondance entre le corps et l'âme. Je me sers même des impressions du corps dont on ne s'aperçoit pas, soit en veillant soit en dormant, pour prouver que l'âme en a de semblables. Je tiens même qu'il se passe dans l'âme quelque chose qui répond à la circulation du sang et à tous les mouvements internes des viscères dont on ne s'aperçoit pourtant point, tout comme ceux qui habitent auprès d'un moulin à eau ne s'aperçoivent point du bruit qu'il fait. En effet, s'il y avait des impressions dans le corps, pendant le sommeil ou pendant qu'on veille, dont l'âme ne fût point touchée ou affectée du tout, il faudrait donner des limites à l'union de l'âme et du corps, comme si les impressions corporelles avaient besoin d'une certaine figure et grandeur pour que l'âme s'en pût ressentir; ce qui n'est point soutenable, si l'âme est incorporelle, car il n'y a point de proportion entre une substance incorporelle et une telle modification de la matière. *En un mot, c'est une grande source d'erreurs de croire qu'il n'y a aucune perception dans l'âme que celles dont elle s'aperçoit* (1). »

Cette activité continue de l'intelligence, même pendant le sommeil, n'a pas échappé non plus à un pieux contemporain de saint Bernard qui a écrit ces belles paroles : « Au moment de te livrer au sommeil, emporte avec toi dans ta mémoire, dans ta pensée, un sujet où tu puisses paisiblement t'endormir, qui soit même l'agréable entretien de tes songes, qui, à ton réveil, te rende naturellement aux bonnes intentions d'hier : ainsi ta nuit aura la clarté du jour, et cette nuit éclairée fera tes délices. Tu dormiras avec calme, tu reposeras en paix, tu t'éveilleras facilement, et, à

(1) *Nouv. Ess. sur l'entendem. hum.*, in-4°, p. 73.

ton lever, tu seras agile à revenir au point dont tu ne t'es pas éloigné tout entier (1). »

Si l'expérience journalière et les citations précédentes fournissent une preuve incontestable que, dans la sphère même de son activité propre, l'âme n'est pas toujours pleinement saisie des phénomènes qu'elle développe et des opérations qu'elle accomplit, où sera donc la raison de lui refuser, dans ces relations avec ce corps auquel elle est unie et qu'elle ne connaît pas (parce que la matière est *inintelligible*), une action réelle, quoique sans conscience? Et de même que, par la grâce d'une glorieuse affinité spirituelle, nous pouvons connaître les rapports de Dieu avec nous, avec les âmes humaines, tandis que son action sur le monde extérieur, sur tout ce qui n'est pas nous, échappe à notre connaissance, ainsi nous avons d'ordinaire pleine conscience de l'action de notre âme sur elle-même, et nous ignorons son action sur ce corps *étranger* qui lui est conjoint.

(1) Iturus ergò ad somnum, defer tecum in memoriâ vel cogitatione in quo placidè obdormias, quod nonnumquàm etiam somniare juvet, quod etiam evigilantem te excipiens in statum hesternæ intentionis restituat. Sic tibi nox sicut dies illuminabitur, et nox illuminatio tua erit in deliciis. Placidè obdormies, in pace quiesces, facilè evigilabis, et surgens facilis et agilis éris ad redeundum in id undè non totus discessisti. — *Guill. abb. epist. ad Fratr. de monte Dei*, XI, 34. Je citerai encore du même religieux ce passage plus frappant : « De quotidianâ lectione aliquid quotidie in ventrem memoriæ demittendum est, quod fidelius digeratur et sursum revocatum crebriùs ruminetur, quod proposito conveniat, quod intentioni proficiat, quod detineat animum ut aliena cogitare non possit. »

« Mais ne dirait-on pas, s'écrie le docteur Cerise(1), en repoussant un passage de saint Augustin, *de Quantitate animæ,* qui établit l'universalité de l'action du principe immatériel dans l'homme, ne dirait-on pas que les besoins les plus vils de l'organisme sont des facultés de l'âme?... » Ou je m'abuse, ou cela revient à dire : Quoi! l'action qui préside au maintien des lois qui régissent cette vile matière dont l'univers est formé, quoi! cette action humiliante est un acte de la toute-puissance, un acte de Dieu? Le docteur Cerise, pour exclure l'âme du gouvernement de l'économie, a-t-il une meilleure raison que le déiste pour exclure Dieu du gouvernement du monde? L'âme est trop noble pour présider aux fonctions animales, comme Dieu est trop grand pour se mêler des révolutions de l'univers? N'est-ce pas au fond la même répugnance contre l'action de l'esprit sur la matière?

Une vérité ne saurait être impunément exagérée. Par haine et dégoût des opinions matérialistes, on arrive à rejeter toute communication, toute alliance naturelle entre l'âme et ses organes; et, pour ne pas confondre l'agent moral avec les éléments matériels de son corps, on le compose de deux substances non-seulement distinctes, mais indépendantes, mais hostiles l'une à l'autre, asso-

(1) Voyez les articles, d'ailleurs fort remarquables, sur la phrénologie, insérés par M. le docteur Cerise dans l'*Européen* de 1835.

ciées cependant et liées ensemble comme pour mieux sentir leur irréconciliable inimitié. On leur assigne à chacune une destination contraire. L'âme a sa fin qui lui est propre, et le corps a la sienne. La vie humaine est scindée en deux parties : elle souffre d'un côté les tiraillements de la chair, dont le but *naturel* est *l'égoïsme;* de l'autre, elle entend les sollicitations de l'esprit, dont la fin est le *dévouement.* On ne veut plus que l'âme ou la substance immatérielle concoure au développement des forces vitales, on ne songe point à chercher en elle l'auteur ou le complice secret des désordres organiques, puisqu'on trouve dans l'organisation une cause suffisante de toute perturbation, une *loi de péché*, en donnant à la parole même de l'apôtre un sens exclusif, faux, dangereux. Il suit donc de cette antipathie normale entre les deux agents, que le corps, s'élevant contre l'âme, est dans son droit, et que l'âme ne saurait être responsable des excès auxquels il se livre, puisque entre elle et lui il n'y a rien de commun qu'un sentiment mutuel d'incompatibilité. Et voilà le mal encore une fois inné à l'homme.

« L'homme, dit le docteur Cerise, agit librement en vertu d'une loi qu'il a reçue, en vertu de la notion du bien et du mal qui lui a été donnée. Lorsqu'il agit selon les impulsions de son organisme, il manifeste sa *nature animale;* ce qui ne prouve pas qu'il soit un animal, puisqu'il a la puissance d'agir *contradictoirement à ses impul-*

sions... L'homme éprouve des désirs qui sont tout à fait étrangers à son organisme... *Ces désirs répugnent souvent à son organisme qui se révolte contre eux; il est forcé de le combattre et de le vaincre...* »
— « Quel est le principe dans l'homme, dit encore le docteur Cerise, qui parvient ainsi à maîtriser les instruments charnels, à les diriger en vertu d'un désir, en vertu d'une parole? Les instruments se régleraient-ils eux-mêmes? L'organisme humain serait-il à la fois régulateur et instrument?... S'il en est ainsi, par l'effet de quelle fascination consentirait-il à souffrir, à se combattre lui-même, à souffrir dans un intérêt *qui ne serait pas le sien*, conformément à des impulsions *qu'il est dans sa loi de repousser?...* » Je lis encore ailleurs : « L'organisme *se révolte, il s'insurge contre l'esprit; il appelle les satisfactions animales qui sont toujours égoïstes, individuelles* (1). »

Qu'est-ce donc que ce principe animal ou matériel que l'on suppose en état de révolte nécessaire contre le principe spirituel? N'est-ce pas l'erreur même des Manichéens, qui, pour absoudre la volonté humaine, faisaient du mal une substance dont la matière était le principe? Qu'est-ce que cet organisme qui se révolte contre l'esprit? N'est-ce pas l'erreur même des phrénologistes? En exagérant la vérité que l'on défend, on tombe précisément dans l'erreur que l'on

(1) *Européen* de 1835.

combat. L'organisme *connaît* donc l'esprit, il *haït* donc l'esprit pour se révolter contre lui? L'organisme a donc un entendement, une volonté propre?

Le chef de l'école *vitaliste* professe aussi cette singulière opinion : « On pourrait, sans doute, dit Barthez, *supposer dans les opérations du principe de la vie quelque degré de prévoyance et de liberté.* Mais ce degré serait toujours infiniment au-dessous de ceux où ces facultés se manifestent dans l'âme pensante (1). » Quoi! dans l'homme deux agents doués de prévoyance et de liberté! Quoi! il pourrait y avoir deux prévisions, deux résolutions, deux libertés, deux hommes enfin! Ajoutons qu'au sentiment de Barthez, le principe vital, au moment de la mort, s'évanouit ou se rejoint au principe qui anime les mondes; ou il se dissipe et retourne au néant ou il se confond avec l'âme universelle. Et cependant il s'agit ici d'un être doué *à certain degré de prévoyance et de liberté!* Quelles inductions ne peut-on pas tirer d'une telle doctrine contre l'immortalité du principe libre et volontaire! Je lis encore dans Barthez les lignes suivantes : « C'est en reconnaissant que *deux volontés simultanées dans l'homme ne peuvent convenir à un principe simple tel qu'est l'âme, qu'on peut rendre raison des contradictions que l'homme éprouve si souvent* entre sa volonté

(1) *Nouv. Elém. de la Science de l'Homme*, in-8°, p. 30.

dirigée par la raison et sa volonté conforme à des appétits violents (1). » C'est cependant la notion d'un principe simple qui peut seule expliquer ces contradictions morales, sinon, point de solution que le manichéisme : lutte intérieure entre les deux volontés, duel nécessaire du bien et du mal, dualisme qui amène sur ses pas toutes les extravagances phrénologiques.

Gardons-nous donc, pour repousser le dogme dégradant de la souveraineté du corps, d'aller à cette extrémité qui, de l'état d'appareil organique et de simple instrument, le fait passer à celui de *personne animale,* pour ainsi dire, entraîné par *sa loi* à la rébellion contre l'agent spirituel et moral. Gardons-nous de donner à cette lutte illégitime entre l'esprit et la chair une sanction *naturelle.* Ce divorce n'est pas normal. Il n'y a là qu'une loi transitoire, loi qui fait de cet état même la voie de la Réparation et du retour à la Justice. Oui, cette guerre intérieure à l'homme, entre sa raison et ses sens, est la condition de leur réconciliation et le gage d'une nouvelle alliance, qui souvent, dès ici-bas, chez les saints, par exemple, s'accomplit avant la mort. La justice primitive et la réintégration future sont un témoignage éclatant que la Chair n'est pas *naturellement* hostile à l'Esprit. Elle l'est selon la nature déchue, mais non pas selon la nature innocente, non pas selon

(1) *Nouv. Elém de la Science de l'Homme*, p. 32.

la nature réhabilitée et sanctifiée. Car il ne faut pas se méprendre sur le sens véritable des termes de l'Écriture. Les séductions, les convoitises, enfin *la loi* de la chair, comme parle l'Apôtre, ne sont que des expressions figurées pour signifier les complaisances funestes, l'abaissement volontaire de l'esprit qui a cherché un plaisir coupable dans les sens. C'est toujours l'homme qui, élevé en honneur, perd l'intelligence (1). La chair sans l'esprit, dit saint Léon-le-Grand (2), ne forme aucun désir, et elle reçoit le sens d'où elle reçoit le mouvement. » Trois éléments, selon saint Thomas d'Aquin, concourent à former le péché : la raison, la sensualité, l'action corporelle. Dans tout péché, ajoute-t-il, la raison se corrompt (3). Si cette habitude où la raison, où la volonté s'est laissé entraîner de se céder à elle-même pour se procurer des jouissances égoïstes et criminelles, semble trop souvent donner au corps une apparence d'indépendance et même de domination, il ne faut pas s'y tromper, c'est la volonté descendue à l'infime niveau de ses organes qui contredit la volonté chaste et droite, c'est la volonté dépravée qui veut fortement, c'est la volonté du mal qui l'emporte sur la volonté du bien qui veut

(1) Homo, cùm in honore positus esset, non intellexit (Ps. XLVIII.)

(2) Sine animâ, caro nihil desiderat et indè accipit sensus undè sumit et motus. (*De jejun. dec. mens. Sermo VIII.*)

(3) Ad peccandum tria concurrunt : Ratio, sensualitas et executio corporis... In omni enim peccato ratio corrumpitur. (D. Thom. Aquin. *in Paul.* 1. *Thess.* cap. *V*, f°, p. 555.)

mal; en d'autres termes, c'est la volonté qui remporte sur elle-même la plus malheureuse victoire, alors qu'elle paraît opprimée par les cris tumultueux de la chair et du sang. Honteusement identifiée par sa faute avec ces sens grossiers qui semblent la forcer, elle conspire avec eux dans ces violences qu'elle souffre, qu'elle ne voudrait plus souffrir et dont elle est néanmoins l'auteur caché. Ce joug qui lui pèse, c'est elle-même et c'est d'elle-même qu'elle voudrait être délivrée. Les sens, la chair, le sang ne sont que de purs instruments. *La loi qui est dans les membres*, cette loi rebelle, n'est pas une loi vitale, une loi physiologique contradictoire à la loi spirituelle : l'homme alors serait innocent de sa dégradation. Non; cette loi, au sens profond de saint Paul, c'est la volonté qui s'est fait une habitude de prévarication, qui est enchaînée par la coutume qu'elle aime et qu'elle méprise tout à la fois, c'est la volonté devenue *sa loi* à elle-même; loi de mort et de péché ! Cette idée d'une loi organique en opposition naturelle avec la loi morale est tellement éloignée de la pensée de l'Apôtre, que je ne saurais assez m'étonner qu'on ait pu un seul instant la lui supposer, surtout en présence de ce passage de l'Épître aux Romains : « Mes frères, je vous parle humainement et je me rabaisse à cause de la faiblesse de votre chair. Comme vous avez fait servir les membres de votre corps à l'impureté et à l'injustice pour commettre l'iniquité, faites-les servir maintenant à la justice pour votre sanctification. Car lorsque vous étiez esclaves du péché, vous étiez libres de la servitude de la justice. Quel fruit tiriez-vous donc alors de ces désordres dont vous rougissez maintenant, puisqu'ils n'avaient pour fin que la mort? Mais à présent, étant affranchis du péché (ET LA GRACE NE PEUT AFFRANCHIR QUE LA VOLONTÉ), et devenus esclaves de Dieu, le fruit que vous retirez est votre sanctification et la fin sera la vie éternelle (1). » Et d'ailleurs la sainte humanité du Dieu fait homme ne montre-t-elle pas jusqu'à la dernière évidence que *la chair*, le corps de l'homme n'est pas l'*ennemi naturel de l'esprit?* La chair du Christ, comme celle d'Adam innocent (sauf toutefois la distance infinie qui sépare l'Homme et le Verbe, même abaissé jusqu'à nous), demeurait soumise à *l'esprit*, parce que *sa volonté* était sainte et que le péché n'était pas en elle. La chair de Jésus-Christ ne contredisait pas en lui la soumission aux volontés du Père; elle ne se révoltait pas contre l'amour infini qui le portait à un sacrifice infini. Elle ne frémissait que de ce fardeau d'un péché étranger dont elle assumait la peine. Le mal, je le répète, le mal dans l'homme n'est que la volonté infidèle, et quand on parle des désirs de la chair contraires à ceux de l'esprit, des révoltes de la chair contre l'esprit, c'est par

(1) Rom. VI, 18, 19, 20, 21, 22, 23.

une figure énergique et très-connue que l'on attribue aux organes ébranlés la cause et la volonté même de ces perturbations qui ne peuvent venir que d'un autre principe.

Quant à la réalité et à l'universalité de l'action de l'âme sur le corps, l'ancienne hypothèse, l'hypothèse de l'école, professée par saint Thomas, et longtemps avant lui par saint Augustin et la plupart des Pères de l'Église, cette hypothèse, nullement contradictoire à la raison et au sens intime, nous semble en outre parfaitement d'accord avec la révélation qui nous représente l'esprit, l'agent spirituel, comme le principe de *la vivification générale* du corps déjà formé, *spiraculum vitæ* : et d'accord aussi avec le dogme de *la résurrection de la chair*; la doctrine chrétienne ne regardant pas la personne humaine comme complète en l'absence de l'une des deux substances qui la constituent. Or, comme nous voyons qu'au départ de l'hôte invisible, le corps se décompose, ses fonctions cessent, ses liens se dissolvent, ses éléments se détachent et se dissipent, on est fort naturellement autorisé à conclure l'influence maîtresse et souveraine de celui des deux agents dont la fuite produit une telle ruine, quand surtout, au moment de la séparation, l'économie ne présente que des conditions de vie et de durée; et peut-on mieux conclure lorsqu'on voit au contraire dans un corps souffrant, exténué, presque détruit, la vie, pour ainsi dire, survivre au corps, et l'énergie spirituelle retenir dans l'unité des organes tendant de toute la puissance de leur faiblesse à une complète dissociation? Exemple assez fréquent chez les hommes de méditation et de prière, en qui l'esprit a su littéralement réduire le corps en servitude, et rétablir selon la loi primitive, entre l'un et l'autre, ces rapports d'autorité et de dépendance troublés, intervertis par le péché (1).

(1) Entre mille exemples qu'on pourrait citer, je lis dans la vie de saint Ephrem :

« Il mortifia toutes les voluptés sensuelles en abattant son corps par la continence, afin de l'assujétir à la raison qui en doit être la conductrice, et il se dompta tellement par les jeûnes, qu'il le rendit insensible à tous les mouvements déréglés et prompt à tous les travaux utiles et qui pouvaient contribuer au bien des âmes. Ce lui était une chose ordinaire de passer plusieurs jours de suite sans manger.

« La nuit même ne l'empêchait point de s'avancer à grands pas dans le chemin de la vertu, et ne le trompait point par les fantômes que cause ordinairement le sommeil. Quand elle venait, elle le trouvait dans la vigilance où il avait passé la journée, et en se retirant elle le laissait encore dans la même vigilance. Car il prenait garde avec grand soin que la main du prince des ténèbres ne le trouvât jamais assoupi. Ainsi il ne prenait de sommeil qu'autant qu'il était nécessaire pour vivre et pour ne se pas donner la mort en renversant par une violence excessive l'ordre et l'économie de la nature. Il employait beaucoup de moyens pour combattre le sommeil et empêcher cet ennemi de s'emparer de ses yeux. Mais les principaux et les plus efficaces étaient de coucher par terre et d'affliger son corps par toutes sortes de mortifications et de rigueurs. »

(Tillemont, *Mémoires Ecclésiastiques*, t. VIII, in-4°.)

APPENDICE.

EX S. BASILII CÆSARE. CAPPAD. ARCHIEP. CONSTITUT. MONAST. CAP. 11.

. . . .
Βλέψις μὲν γὰρ τοῦ σώματος, ὁ ὀφθαλμός, ὅρασις δὲ τῆς ψυχῆς, ὁ συμφυὴς αὐτῇ νοῦς· ἀλλ' οὐχ ὡς ἕτερον ἐν ἑτέρῳ, ἀλλὰ ταὐτὸν ψυχή τε καὶ νοῦς· δύναμις ὑπάρχων φυσική τις καὶ οὐκ ἐπείσακτος τοῦ λογιστικου τῆς ψυχῆς.

Corpus enim videt per oculum, animus verò cernit per mentem sibi agnatam neque tamen alterum veluti in altero est, sed animus et mens unum sunt et idem; cùm mens vis quædam naturalis sit non autem adventitia ejus animi partis in quâ sita ratio est.

Διττὴν γὰρ εἶναι τῆς ψυχῆς ἔγωγε οἶμαι τὴν δύναμιν, μιᾶς καὶ τῆς αὐτῆς ὑπαρχούσης· τὴν μὲν τινα τοῦ σώματος ζωτικὴν, τὴν δὲ ἑτέραν τῶν ὄντων θεωρητικὴν, ἣν δὲ καὶ λογιστικὴν ὀνομάζομεν. Ἀλλὰ τὴν μὲν ζωτικὴν δύναμιν, ἐπεὶ συγκέκραται τῷ σώματι ἡ ψυχὴ φυσικῶς διὰ τὴν σύγκρασιν, καὶ οὐκ ἐκ προαιρέσεως χορηγεῖ... Ἡ δὲ θεωρητικὴ δύναμις ἐν προαιρέσει ἔχει τὴν κίνησιν. Ἂν μὲν οὖν διὰ παντὸς

Duplicem enim ego arbitror vim esse animæ cum ipsa una et eadem existat, alteram corpus animantem, alteram verò rerum speculatricem, quam etiam rationalem nominamus. Jam verò propterea quod conjuncta est corpori anima, *ei suapte natura ob eam conjunctionem, non autem voluntate, facultatem hanc vitalem*

τὸ θεωρητικὸν τε καὶ λογιστικὸν ἑαυτῆς ἐγρηγορέναι παρασκευάζῃ, καθὼς ὁ προφήτης φησὶ· Μηδὲ νυστάξῃ ὁ φυλάσσων σε· διπλῇ κατευνάζει τὰ πάθη τοῦ σώματος, τῇτε περὶ τῶν κρειττόνων καὶ προσφυῶν θεωρίᾳ ἣ ἀπασχολεῖται, καὶ τῇ ἀταραξίᾳ τοῦ σώματος ἐπισκοποῦσα σωφρονίζει ταῦτα καὶ καταστέλλει· ἂν δὲ τὴν ἀργίαν ἀσπασαμένη τὸ θεωρητικὸν ἀκίνητον ἔχῃ, σχολαῖον τὸ ζωτικὸν τὰ πάθη τοῦ σώματος εὑρόντα, καὶ μερισάμενα μηδενὸς ἐπιστατοῦντος καὶ ἀνακόπτοντος, ἐπὶ τὰς οἰκείας ὁρμάς τε καὶ ἐνεργείας τὴν ψυχὴν συγκαθείλκυσαν. Ὥστε εἶναι τὰ πάθη τοῦ σώματος βίαια μὲν, ἀργοῦντος τοῦ ἐν ἡμῖν λόγου· εὐπειθῆ δὲ τούτου τάττοντος καὶ διέποντος. Οὐ μεμπτὸν τοίνυν τὸ σῶμα τοῖς ὀρθῶς περὶ αὐτοῦ γινώσκειν ἐθέλουσι.

impertitur... Facultas verò speculatrix in voluntate motum suum habet. Itaque si facultatem suam contemplatricem et rationalem assiduò vigilantem reddiderit velut propheta dicit : *Neque dormitet qui custodit te* (Ps. 120-3); duplice ratione consopit vitiosos corporis affectus, ut quæ et rerum præstantiorum sibique affinium contemplationi vacans et corporis tranquillitati providens, frenet illos et compescat. Si verò quod se ignaviæ dediderit, detinet sine motu facultatem suam speculatricem, jam corporis libidines vitalem partem otiosam nactæ partitæque, nullo regente ac prohibente animum ad impetus actusque sibi proprios pertrahunt. *Quare violentæ quidem sunt corporis affectiones, ratione in nobis otium agente* : morigeræ verò, ipsâ ordinante ac gubernante. Non igitur corpus dignum est reprehensione si quis rectè de ipso judicare voluit.

(S. Basil. Opp. edit. D. Garn. Bened., t. II, f° 541, 542.)

EX S. JOANN. DAMASC. DE FIDE ORTHOD.
LIB. II, CAP. XII.

ΠΕΡῚ ἈΝΘΡΏΠΟΥ. ΚΣ.

« .....Ἐξ ὁρατῆς τε καὶ ἀοράτου φύσεως δημιουργεῖ τὸν ἄνθρωπον οἰκείαις χερσὶ, κατ' οἰκείαν εἰκόνα καὶ ὁμοίωσιν· ἐκ γῆς μὲν τὸ σῶμα διαπλάσας, ψυχὴν δὲ λογικὴν καὶ (1) νοερὰν διὰ τοῦ οἰκείου ἐμφυσήματος δοὺς αὐτῷ, ὅπερ δὴ θείαν εἰκόνα φαμὲν . . . .
. . . .

Ψυχὴ τοίνυν ἐστὶν, οὐσία ζῶσα, ἁπλῆ καὶ ἀσώματος, σωματικοῖς ὀφθαλμοῖς κατ' οἰκείαν φύσιν ἀόρατος, ἀθάνατος, λογικὴ τε καὶ νοερὰ ἀσχημάτιστος, ὀργανικῷ κεχρημένη σώματι, καὶ τούτῳ ζωῆς, αὐξήσεώς τε καὶ αἰσθήσεως καὶ γεννήσεως παρεκτικὴ, οὐχ ἕτερον ἔχουσα παρ' ἑαυτὴν τὸν νοῦν, ἀλλὰ μέρος αὐτῆς τὸ καθαρώτατον· ὥσπερ

« Hominem ex visibili et invisibili naturâ suis Deus manibus ad imaginem et similitudinem suam condit : Sìc nempè ut efficto de terrâ corpore, animam ratione et intelligentiâ præditam insufflatione suâ ei tribuerit : id quòd divinam imaginem appellamus. . . . .

Jam verò anima est vivens, simplex, et incorporea substantia, corporis oculorum suâpte naturâ sensum fugiens, immortalis, rationis et intelligentiæ particeps, organis instructo utens corpore, cui vitam, incrementum, sensum et gignendi vim tribuat, non aliam a se sejunctam mentem habens (mens quippè nihil aliud est quàm subtilissima ipsius pars : quod enim oculus in corpore, hoc mens in animâ est) arbitrii libertate, volen-

(1) Chrysost. inspirationem hanc vitæ ζωτικὴν ἐνέργειαν vocat, vitalem actionem in quâ consistat substantia animæ, καὶ τοῦτο ἐγένετο σύστασις τῇ οὐσίᾳ τῆς ψυχῆς.

γὰρ ὀφθαλμὸς ἐν σώματι, οὕτως ἐν ψυχῇ νοῦς· αὐτεξούσιος, θελητική τε, καὶ ἐνεργητική, τρεπτὴ, ἤτοι ἐθελότρεπτος, ὅτι καὶ κτιστή.

dique et agendi facultate prædita: mutabilis, hoc est ejusmodi quæ voluntatis mutationem subire queat, propterea quod creata sit.

Χρὴ γινώσκειν, ὅτι ὁ ἀνθρώποις καὶ τοῖς ἀψύχος κοινωνεῖ, καὶ τῆς τῶν ἀλόγων μετέχει ζωῆς καὶ τῆς τῶν λογικῶν μετείληφε νοήσεως. Κοινωνεῖ γὰρ τοῖς μὲν ἀψύχοις κατὰ τὸ σῶμα, καὶ τὴν ἀπὸ τῶν τεσσάρων στοιχείων κρᾶσιν· τοῖς δὲ φυτοῖς· κατά τε ταῦτα, καὶ τὴν θρεπτικὴν, καὶ αὐξητικὴν, καὶ σπερματικὴν ἤγουν γεννητικὴν δύναμιν· τοῖς δὲ ἀλόγοις, καὶ ἐν τούτοις μὲν, ἐξ ἐπιμέτρου δὲ κατὰ τὴν ὄρεξιν, ἤγουν θυμὸν καὶ ἐπιθυμίαν, καὶ κατὰ τὴν αἴσθησιν, καὶ κατὰ τὴν καθ' ὁρμὴν κίνησιν.

. . . .

Illud insuper oportet nosse hominem et cum inanimis communicare et brutorum animantium vitæ participem esse, et cum illis denique, quæ ratione prædita sunt, intelligere. Nam cum rebus inanimis, tùm ratione corporis communicat, tùm quia ex quatuor elementis concretus est, tùm propter eam vim quâ aluntur, augescunt et seminant, sive gignunt : cum brutis, tùm quantùm ad hæc omnia, tùm prætereà quantum ad appetitum, hoc est iram et cupiditatem, itemque sensum et motum impulsionis.

Χρὴ γινώσκειν, ὅτι τὸ λογικὸν φύσει κατάρχει τοῦ ἀλόγου· διαιροῦνται γὰρ αἱ δυνάμεις τῆς ψυχῆς εἰς λογικὸν καὶ ἄλογον. Τοῦ δὲ ἀλόγου μέρη εἰσὶ δύο. Τὸ μὲν ἀνήκοόν ἐστι λόγῳ, ἤγουν οὐ πείθεται λόγῳ· τὸ δὲ κατήκοόν ἐστι, καὶ ἐπιπειθὲς λόγῳ· ἀνήκοον μὲν οὖν, καὶ μὴ πειθομένου λόγῳ ἐστι τὸ ζωτικὸν, ὁ

Illud prætereà notandum quod ratio ex suâpte naturâ irrationabilis partis domina sit. Dividuntur quippè animæ facultates in eam quæ rationis particeps et eam quæ rationis expers est. Ac rursùs illa quæ rationis est expers duas partes habet, qua-

καὶ σφυγμικὸν καλεῖται, καὶ τὸ σπερματικὸν, ὃ καὶ θρεπτικὸν καλεῖται· τοῦτο δέ ἐστι καὶ τὸ αὐξητικὸν, τὸ καὶ διαπλάσσον τὰ σώματα. Ταῦτα γὰρ οὐ λόγῳ κυβερνῶνται, ἀλλὰ τῇ φύσει· τὸ δὲ κατήκοον καὶ ἐπιπειθὲς λόγῳ, διαιρεῖται εἰς θυμὸν καί ἐπιθυμίαν. Καλεῖται δὲ κοινῶς τὸ ἄλογον μέρος τῆς ψυχῆς, παθητικὸν καὶ ὀρεκτικόν. Χρὴ δὲ γινώσκειν ὅτι τοῦ ἐπιπειθοῦς λόγῳ ἐστι, καὶ ἡ κατ' ὁρμὴν κίνησις.

rum altera rationem non audit, id est ei non obsequitur; altera ei paret et obtemperat: rationis dictamen et imperium spernit vitalis facultas quæ pulsatrix appellatur, itemque seminatrix seu generans; vegetans quoque, quæ et vis altrix dicitur, ad quam augescendi facultas spectat, quæ et corpora format et concinnat. Neque enim hæc ratione sed naturâ reguntur. Pars autem illa quæ rationem audit, eique obsequitur in iram et cupiditatem distribuitur. Communicàto autem nomine pars irrationabilis vocatur illa in quâ passiones et appetitus existunt: scire interest vim impulsivam ad eam partem quæ rationi subest pertinere.

N. Patres ægrè tulerunt ab Aristotele animam definiri ἐντελεχείαν πρώτην σώματος φυσικοῦ ὀργανικοῦ actum primum corporis organis instructi; ac si ex hâc definitione subsequantur animam in se non consistere sed cum corpore dissolvi et interire. Tullius verò lib. 1. *Tuscul. quæst.* Philosophi mentem sìc explicat, ut eâ nihil animorum immortalitati detrahi videatur. « Aristoteles, inquit, longè omnibus (Platonem semper excipio) præstans et ingenio et diligentiâ, cùm

quatuor illa genera principiorum esset complexus, à quibus omnia orirentur, quintam quamdam naturam censet esse in quâ sit mens (agitare enim et providere, et discere, et docere, et invenire aliquid, etiam multa alia, meminisse, amare, angi, lætari, hæc et similia eorum in horum quatuor generum nullo inesse putat). Quintum genus adhibet vacans nomine, et si ipsum animum ἐντελεχείαν novo appellat nomine quasi continuatam quamdam motionem et perennem. » Quod si verum est hoc Platonis pronuntiatum quod patres tanti fecerunt, ut indè animorum immortalitatem colligerent, « Omne quod perenni motu agitur, interitui non subesse » sic Cicerone teste Aristoteles continuatam et perennem motionem animo tribuit eo, quod sit ἐντελεχεία actus.

Annot. Leon. Allatii in Joann. Damasc., p. 178, f°.

DEFINITIO HOMINIS, ex S. Joan. Damasc.

Ἐποίησεν οὖν ὁ Θεὸς τὸν ἄνθρωπον ἄκακον, εὐθῆ, ἐνάρετον, ἄλυπον, ἀμέριμνον, πάσῃ ἀρετῇ κατηγλαϊσμένον, πᾶσιν ἀγαθοῖς κομῶντα, οἷόν τινα κόσμον δεύτερον ἐν μεγάλῳ μίκρὸν, ἄγγελον ἄλλον προσκυνητὴν, μικτὸν, ἐπόπτην τῆς ὁρατῆς κτίσεως, μύστην της νοουμένης, βασιλέα τῶν ἐπὶ γῆς, βασιλευόμενον ἄνωθεν, ἐπίγειον καὶ οὐράνιον, πρόσκαιρον καὶ ἀθάνατον, ὁρατὸν καὶ νοούμενον, μέσον μεγέθους καὶ ταπεινότητος, τὸν αὐτὸν πνεῦμα καὶ σαρκά· πνεῦμα,

Creavit itaque Deus hominem innocentem, rectum, probum, tristitiæ et sollicitudinis expertem, omni virtutum genere decoratum, omnibus florentem bonis, velut alterum quemdam mundum in magno parvum, alium Angelum adoratorem, mistum, visibilis creaturæ spectatorem, ejus quæ intelligentiâ percipitur discipulum, Regem eorum quæ in terrâ sunt, superno regi

διὰ χάριν, σαρκὰ διὰ τὴν ἔπαρσιν. Τὸ μὲν ἵνα μένῃ, καὶ δοξάζῃ τὸν εὐεργέτην, τὸ δὲ, ἵνα πάσχῃ καὶ πάσχων ὑπομιμνήσκηται, καὶ παιδεύηται τῷ μεγέθει φιλοτιμούμενος· ζῶον ἐνταῦθα οἰκονομούμενον, τουτ᾽ ἔστιν ἐν τῷ πάροντι βίῳ, καὶ ἀλλαχοῦ μεθιστάμενον, τουτ᾽ ἔστιν ἐν τῷ αἰῶνι τῷ μέλλοντι· καὶ πέρας τοῦ μυστηρίου, τῇ πρὸς Θεὸν νεύσει θεούμενον· θεούμενον δὲ, μετοχῇ τῆς θείας ἐλλάμψεως, καὶ οὐκ εἰς τὴν θείαν μεθιστάμενον ὀυσίαν.

(*Ibid.*, lib. II, cap. XII.)

subjectum; terrenum simul et cœlestem, temporarium et immortalem qui visu et mente capi potest, medium inter altitudinem et humilitatem, spiritum et carnem; qui per gratiam Spiritus sit et propter superbiam caro; illud, ut permaneat, eumque laudet cujus beneficiis ornatus fuit; hoc, ut patiatur et patiendo admoneatur, cumque magnitudinis causâ se extollit emendetur: animal hìc, sive in præsenti vitâ, certo consilio gubernatum; atque aliò hoc est ad futurum ævum migrans; quodque mysterii finis est per mentis ad Deum conversionem divinitate dotatum; non ut in divinam substantiam migret, sed ut divinam illustrationem participet.

EX NEMESII DE NATURA HOMINIS LIBRO.

Confutatis Democriti, Epicuri et stoicorum de corporeâ animæ naturâ opinionibus addit Nemesius.

Τῶν λεγόντων ἀσώματον εἶναι τὴν ψυχὴν ἄπειρος γέγονεν ἡ διαφωνία. Τῶν μὲν οὐσίαν αὐτὴν καὶ ἀθάνατον λεγόντων, τὴν δὲ ἀσώματον μὲν, οὐ μὴν

Inter eos qui sine corpore animam dicunt, infinita dissensio est quod alii eam substantiam et immortalem confirment; alii,

ὀυσίαν, ὀυδὲ ἀθάνατον. Θαλῆς μὲν γὰρ πρῶτος τὴν ψυχὴν ἔφησεν ἀεικίνητον καὶ αὐτοκίνητον· Πυθαγόρας δὲ ἀριθμὸν κινοῦντα ἑαυτόν. Πλάτων δὲ ὀυσίαν νοητὴν ἐξ ἑαυτῆς κινητὴν, κατὰ ἀριθμὸν ἐναρμόνιον· Ἀριστοτέλης δὲ ἐντελεχείαν πρώτην σώματος φυσικοῦ ὀργανικοῦ δυνάμει ζωὴν ἔχοντος. Δείναρχος δὲ ἁρμονίαν τῶν τεσσάρων στοιχείων. Οὐ γὰρ τὴν ἐκ τῶν φθόγγων συνισταμένην, ἀλλὰ τὴν ἐν τῷ σώματι θερμῶν καὶ ὑγρῶν καὶ ψυχρῶν καὶ ξηρῶν ἐναρμόνιον κρᾶσιν καὶ συμφωνίαν βούλεται λέγειν. Δῆλον δὲ ὅτι καὶ τούτων οἱ μὲν ἄλλοι τὴν ψυχὴν εἶναι λέγουσιν ὀυσίαν· Ἀριστοτέλης δὲ καὶ Δείναρχος ἀνούσιον· ἔτι δὲ πρὸς τούτοις οἱ μὲν μίαν εἶναι καὶ τὴν αὐτὴν τῶν πάντων ψυχὴν νενομίκασι κατακερματιζομένην εἰς τὰ καθ' ἕκαστα καὶ πάλιν εἰς ἑαυτὴν συνιοῦσαν ὡς οἱ Μανιχαῖοι καὶ ἄλλοι τινες. Οἱ δὲ μίαν καὶ πολλὰς.....

etsi corporis sit expers, substantiam tamen et immortalem negent. Thales enim princeps dicendi fuit animam semper moveri et per se moveri. Pythagoras numerum asseruit seipsum moventem. Plato substantiam quæ sub intelligentiam cadat, per seque ad numerum harmoniæ aptum moveatur. Aristoteles entelechiam primam corporis naturalis, instrumentis præditi, potestate viventis. Dinarchus harmoniam quatuor elementorum, non enim eam quæ è vocibus existit; sed calidorum et frigidorum, humidiorum et siccorum quæ in corpore sunt temperationem, harmoniæ participem et concentum vult dicere. Aristoteles et Dinarchus à substantiâ removêre. Præterea fuerunt qui unam esse et eamdem omnium animam putârunt quæ minutatim in res singulas concidatur in seque rursùs coeat : ut Manichæi et alii nonnulli. Alii multas specieque differentes arbitrati sunt. Alii et unam et multas........

Argumenta Ammonii contrà eos qui animam corpus affirmant.

Εἰσὶ δὲ ταῦτα τὰ σώματα τῇ οἰκείᾳ φύσει τρεπτὰ ὄντα καὶ σκεδαστὰ καὶ διόλου εἰς ἄπειρον τμητὰ ἐν αὐτοῖς μηδενὸς ἀμεταβλήτου ὑπολειπομένου, δεῖται τοῦ συνέχοντος καὶ συνάγοντος καὶ ὥσπερ συσφίγγοντος καὶ συγκρατοῦντος αὐτά. ὅπερ ψυχὴν λέγομεν. Εἰ τοίνυν σῶμα ἐστὶν ἡ ψυχὴ οἷον δήποτε εἰ καὶ λεπτομερέστατον, τί πάλιν ἐστὶ το συνέχον ἐκείνην; ἐδείχθη γὰρ πᾶν σῶμα δεῖσθαι τοῦ συνέχοντος. Καὶ οὕτως εἰς ἄπειρον, ἕως ἂν καταντήσωμεν εἰς ἀσώματον. Εἰ δὲ λέγοιεν καθάπερ οἱ Στωϊκοὶ τονικήν τινα εἶναι κίνησιν περὶ τὰ σώματα εἰς τὸ ἔισω ἅμα κινουμένην καὶ εἰς τὸ ἔξω. Καὶ τὴν μὲν εἰς τὸ ἔξω μεγεθῶν καὶ ποιοτήτων ἀποτελεστικὴν εἶναι. Τὴν δὲ εἰς τὸ εἴσω ἑνώσεως καὶ οὐσίας, ἐρωτητέον αὐτοὺς, ἐπειδὴ πᾶσα κίνησις ἀπό τινός ἐστι δυνάμεως τίς ἡ δύναμις αὕτη καὶ τίνι οὐσίωται, εἰ μὲν οὖν καὶ ἡ δύναμις αὕτη ὕλη τίς ἐστι τοῖς αὐτοῖς πάλιν χρήσομεθα λόγοις. Εἰ δὲ ὀυχ' ὕλη ἀλλ' ἔνυλον, ἕτερον δὲ ἐστι τὸ ἔνυλον παρὰ τὴν ὕλην. Τὸ γὰρ μετέχον τῆς ὕλης πότερον ὕλη καὶ αὐτὸ ἢ ἄυλον. Εἰμεν

Corpora quæ suâ naturâ mutantur penitùsque dissipantur et infinitè dividuntur, si in iis nihil quod sit immutabile relinquatur, opus habent aliquo se continente et connectente et velut constringente et cohibente quod animam dicimus. Itaque si corpus est anima qualecumque tandem etiam tenuissimum, quid rursùs erit quod ipsam contineat? Ostensum est enim omne corpus indigere aliquo à quo contineatur. Et ità infinitè, donec ad aliquid quod corpore vacet perveniamus. Sin responderint quod Stoici, contentam esse quamdam motionem in corporibus quæ intrà simul et extrà feratur, magnitudines et qualitates efficere : quæ verò intrò, junctionem atque substantias, quærendum de iis est, cùm omnis motus ab aliquâ vi proficiscatur, quæ vis hæc sit, et in quo ejus essentia sit posita. Nam si vis hæc ma-

οὖν ὕλη πῶς ἔνυλον καὶ οὐχ' ὕλη; εἰ δὲ οὐχ' ὕλη ἄλλον ἄρα. Εἰ δὲ ἄϋλον, οὐ σῶμα. Πᾶν γὰρ σῶμα ἔνυλον. Εἰ δὲ λέγοιεν ὅτι τὰ σώματα τριχῆ διαστατά ἐστι καὶ ἡ ψυχὴ δὲ διόλου διήκουσα τοῦ σώματος τριχῆ διαστατή ἐστι. Καὶ διὰ τοῦτο πάντως καὶ σῶμα, ἐροῦμεν, ὅτι πᾶν μὲν σῶμα τριχῆ διαστατὸν, ου πᾶν δὲ τὸ τριχῆ διαστατὸν σῶμα. Καὶ γὰρ ὁ τόπος καὶ τὸ ποιὸν ἀσώματα ὄντα καθ' ἑαυτὰ κατὰ συμβεβηκὸς ἐν ὄγκῳ ποσοῦται. Οὕτως οὖν καὶ τῇ ψυχ καθῆ' ἑαυτὴν μὲν πρόσεστι τὸ ἀδιάστατον. Κατὰ συμβεβηκὸς δὲ τῶ ἐν ᾧ ἐστι τριχῆ διαστατή. Ἔτι πᾶν σῶμα ἢ ἔξωθεν κινεῖται ἢ ἔνδοθεν, ἔμψυχον. Εἰ δὲ σῶμα, ἡ ψυχὴ ει μὲν ἔξωθεν κινοῖτο ἔψυχός ἐστιν· εἰ δε ἔνδοθεν, ἔμψυχος. Ἄτοπον δὲ καὶ τὸ, ἔμψυχον καὶ τὸ, ἄψυχον λέγειν τὴν ψυχήν. Οὐκ ἄρα σῶμα ἡ ψυχή.

teria quædam est, instabimus iisdem rationibus : sin materia non est sed è materiâ quid concretum... quid tandem est quod materiæ est particeps? Utrùm materia etiam ipsum, an materiæ expers? Si materia, quomodò è materiâ concretum ac non materia est? Si non materia expers ergò materiæ? Si materiæ expers, non ergò corpus : omne enim corpus è materiâ concretum est. Quod si dicant corpora triplici spatiorum genere porrigi, in animâque quæ per totum corpus permeat parem spatiorum numerum reperiri, ac ideò certè corpus esse, respondebimus omne quidem corpus tria habere spatiorum genera, non tamen quidquid tria habet spatiorum genera esse corpus. Etenim locus et qualitas cum vacent corpore per seipsa ex accidente in magnitudine quantitatem adipiscuntur. Ità animæ per se adest ut omni careat spatio : at ex accidenti, cum eo in quo est quod triplex habet spatium, etiam ipsa triplex habere spatium intelligitur.

Deindè omne corpus vel pulsu agitatur externo, vel motu cietur interiore et suo : si externo, inanimum est : si interiore, animatum. Si ergò corpus anima est, ac agitatur aliundè, inanimata est, sin à se movetur, animata. Utrumque autem absurdum et animatam et inanimatam animam dicere. Non ergò corpus anima est...

Confutatur Aristotelis sententia.

Ἀριστοτέλης δὲ την ψυχὴν ἐντελεχείαν λέγων ὀυδὲν ἧττον συμφέρεται τοῖς ποιότητα λέγουσιν αὐτὴν. Διασαφήσωμεν δὲ πρότερον τὴν ἐντελεχείαν τίνα καλεῖ. Τὴν οὐσίαν τριχῶς λέγει τὸ μὲν ὡς ὕλην ὑποκείμενον ὃ καθ' ἑαυτὸ μὲν ὀυδέν ἐστι, δύναμιν δὲ ἔχει πρὸς γένεσιν. Ἕτερον δὲ μορφὴ καὶ εἶδος καθ' ἣν εἰδοποιεῖται ἡ ὕλη· τρίτον δὲ τὸ συναμφότερον τὸ ἐκ τοῦ εἴδους καὶ τῆς ὕλης γεγεννημένον, ὃ ἐστι λοιπὸν ἔμψυχον. Ἔστι μὲν οὖν ἡ ὕλη δύναμις· τὸ δε εἶδος ἐντελεχεία. καὶ τουτὸ δὲ διχῶς τὸ μὲν ὡς ἐπιστήμη. Τὸ δὲ ὡς θεωρεῖν κατ' ἐπιστήμην. Τουτέστι τὸ μὲν ὡς διάθεσις τὸ δὲ ὡς

Aristoteles qui animam dicit entelechiam, nihilominùs idem sentit, quod qui qualitatem eam esse volunt. Explicemus priùs quam entelechiam vocet. Substantiam trifariàm dicit intelligi; unam, quæ ut materia subjecta sit quæ per se quidem nihil est, potestatem tamen ad rerum ortum habeat : alteram, formam et speciem per quam materia formatur : tertiam quòd ex utrisque specie et materia conflatur quod demùm animatum est. Est igitur materia potestas,

ἐνέργεια. Ὡς ἐπιστήμη μὲν οὖν ὅτι ἐν τῷ ὑπάρχειν τὴν ψυχὴν καὶ ὕπνος, καὶ ἐγρήγορσις ἐστιν. Ἀνάλογος δὲ ἡ μὲν ἐγρήγορσις ἐστὶ τῷ θεωρεῖν, ὁ δὲ ὕπνος τῷ ἔχειν καὶ μὴ ἐνεργεῖν· προτέρα δὲ ἐστιν ἡ ἐπιστήμη τῆς ἐνεργείας. Διὸ καὶ πρώτην ἐντελεχείαν καλεῖ τὸ εἶδος· δευτέραν δὲ τὴν ἐνέργειαν. Οἷον ὀφθαλμὸς ἐξ ὑποκειμένου, ἐστὶ καὶ εἴδους· καὶ ἐστι τὸ μὲν ὑποκείμενον ἐν αὐτῷ, τὸ δεδεγμένον τὴν ὄψιν ὕλη ὀφθαλμοῦ. Καλεῖται δὲ καὶ αὐτὴ ὁμωνύμως ὀφθαλμός· εἶδος δὲ καὶ ἐντελεχεία ἐστὶ τοῦ ὀφθαλμοῦ ἡ ἐνέργεια καθ' ἣν ὁρᾷ. Ὥσπερ οὖν ὁ ἄρτι τεχθεὶς σκύλαξ οὐδετέραν μὲν ἔχει ἐντελεχείαν, δύναμιν δὲ τοῦ δέξασθαι τὴν ἐντελεχείαν. Οὕτως δεῖ λαβεῖν καὶ το τῆς ψυχῆς· ὡς γὰρ ἐκεῖ γεννηθεῖσα ἡ ὄψις τελειοῖ τὸν ὀφθαλμὸν, οὕτως ἐνταῦθα γεννηθεῖσα ἡ ψυχὴ ἐν τῷ σώματι τελειοῖ τὸ ζῶον. Ὡς μήτε ἄνευ σώματος εἶναι ποτὲ τὴν ψυχὴν, μήτε σῶμα δίχα ψυχῆς. Σῶμα μὲν γὰρ οὐκ ἐπὶ σώματος δὲ ἐστι, καὶ διὰ τοῦτο ἐν σώματι ὑπάρχει καὶ σώματι τοιῷδε· καθ' ἑαυτὴν δὲ οὐχ' ὑπάρχει· ἀλλὰ πρῶτον μὲν τὸ παθητικὸν μέρος τῆς ψυχῆς ψυχὴν καλεῖ· χωρίζων αὐτῆς τὸ λογικόν. Ἔδει δὲ πᾶσαν ὁμοῦ λαβεῖν τὴν ψυχὴν τοῦ ἀνθρώπου καὶ μὴ ἀπὸ μέρους, καὶ ταῦτα τοῦ ἀσ-

species entelechia. Et ista quidem bifariàm quoque accipitur; tùm ut scientia, tùm ut ex scientiâ contemplatio, hoc est tùm ut habitus, tùm ut usus habitûs. Anima igitur ut scientia est, quoniam hoc ipso quod anima est, et somnus et vigilia est. Vigilia autem contemplationi, somnus visui qui tamen jam non fungatur suo munere proportione respondet. Atque scientia usu scientiæ prior est; propterea primam entelechiam vocat, speciem; secundam, usum atque muneris functionem. Quemadmodùm oculus ex subjecto est et specie, atque id quidem quod in eo subjicitur visumque accipit, materia ejus est quæ ipsa quoque oculus dicitur. Species verò et entelechia prima oculi ipsemet visus qui videndi vim oculo impertit. Secunda autem entelechia oculi est functio muneris quâ videt. Ut igitur paulò antè natus catulus neutrâ prædicatus est entelechiâ, sed vim habet accipiendi entelechiam, ità de animâ intelligendum est : ut enim illis videndi sen-

θενεστάτου περὶ τοῦ παντὸς ἀποφαίνεσθαι· ἔπειτα τὸ σῶμα φησὶ δυνάμει τὸ ζῆν ἔχειν καὶ πρὸ τοῦ γένεσθαι τὴν ψυχήν. Λεγει γὰρ τὸ σῶμα τὸ δυνάμει ζωὴν ἔχειν ἐν ἑαυτῷ· δεῖ δὲ τὸ σῶμα εἶναι πρὸ τοῦ δέξασθαι τὸ εἶδος· ὕλη γάρ εστιν ἄποιος τὸ σῶμα· ἀδύνατον ἄρα τὸ μὴ ὂν ἐνεργείᾳ δύναμιν ἔχειν πρὸς τὸ ἐξ αὐτοῦ τὶ γίνεσθαι. Εἰ δέ καὶ σῶμα καὶ δυνάμει ἐστι, πῶς τὸ δυνάμει σῶμα δυνάμει ζωὴν ἔχειν ἐν ἑαυτῷ δύναται; ἄλλως τε ἐπὶ μὲν τῶν ἄλλων δυνατὸν ἔχοντά, τι μὴ χρῆσθαι αὐτῷ οἷον ὄψιν ἔχοντα μὴ χρῆσθαι αὐτῇ· ἐπὶ δὲ τῆς ψυχῆς ἀδύνατον. Οὐ δὲ γὰρ ὁ καθεύδων ἄνευ ψυχικῆς ἐνεργείας ἐστι· καὶ γὰρ τρέφεται καὶ αὔξεται καὶ φαντασιοῦται καὶ ἀναπνεῖ. Ὅπερ μάλιστα τῆς ζωῆς ἐστι τεκμήριον. Ἐκ τούτων οὖν φανερὸν ὅτι δυνάμει τὸ ζῆν οὐ δύναται προσεῖναι τίνι ἀλλὰ πάντως ἐνεργεία· προηγουμένως γὰρ τὸ εἰδοποιοῦν τὴν ψυχὴν οὐδὲν ἄλλο ἔστιν ἀλλ' ἡ ζωή. Τῇ μὲν γὰρ ψυχῇ σύμφυτος ἐστιν ἡ ζωή. Τῷ δὲ σώματι κατὰ μέθεξιν· ὁ λέγων τοίνυν ὑγείαν ἀνάλογον εἶναι τῇ ζωῇ οὐ τὴν τῆς ψυχῆς ζωὴν λέγει ἀλλὰ τὴν τοῦ σώματος· καὶ οὕτως σοφίζεται. Ἡ μὲν γὰρ σωματικὴ οὐσία παρὰ μέρος τῶν ἐναντίων ἐστὶ δεκτική· ἡ δὲ κατὰ τὸ εἶδος οὐδαμῶς. Ἐὰν γὰρ ἡ κατὰ τὸ εἶδος διαφορὰ

sus, dùm est ortus, oculum absolvit, ità hìc dùm corpori anima ingenita est, animal perficit ut neque sine corpore unquam sit anima neque corpus sine animâ; corpus enim non est, sed corporis; ideòque in corpore est, et quidem corpore tali; per se verò suâque vi nulla est. Sed primùm quidem patibilem animæ partem animam vocat, discludens ab eâ quæ rationis est particeps. Atqui omnis simul hominis anima sumenda erat, neque ex unâ ejus parte, eâque infirmissimâ, de universo pronuntiandum. Deindè corpus ait potestatem habere ut vivat, etiam antequàm generetur anima. Ait enim corpus potestate vitam in seipso habere. Oportet autem corpus quod potestate vitam habet prius actu esse corpus. Non potest autem actu esse corpus antequàm formam accipiat. Est enim corpus materia omnis qualitatis expers. Fieri ergò nequit ut quod actu non est aliquid ex se creandi vim habeat. Quod si etiam corpus potestate est, quomodo quod

μεταλλαγῇ, μεταλλάττεται καὶ τὸ ζῶον. Ὥς τε οὐχ ἡ κατὰ τὸ ὑποκείμενον, τουτέστιν ἡ σωματική. Οὐ δύναται τοίνυν ἡ ψυχὴ κατ' οὐδένα τρόπον ἐντελεχεία τοῦ σώματος εἶναι· ἀλλ' οὐσία αὐτοτελὴς ἀσώματος· παρὰ μέρος γὰρ ἐπιδέχεται τὰ ἐναντία κακίαν καὶ ἀρετήν. Ὅπερ οὐκ ἠδύνατο τὸ εἶδος ἐπιδέξασθαι. Ἔπειτα φησὶν ἐντελεχείαν οὖσαν τὴν ψυχὴν ἀκίνητον εἶναι καθ' ἑαυτήν, κινεῖσθαι δὲ κατὰ συμβεβηκός. Οὐ δὲ ἀπεικὸς ἀκίνητον οὖσαν κινεῖν ἡμᾶς. Καὶ γὰρ τὸ κάλλος ἀκίνητον ὂν κινεῖ ἡμᾶς. Ἀλλ' εἰ καὶ τοῦτο ἀκίνητον ὂν κινεῖ, ἀλλὰ τὸ φύσιν ἔχον κινεῖσθαι κινεῖ καὶ οὐχὶ τὸ ἀκίνητον. Εἰ τοίνυν καὶ τὸ σῶμα καθ' ἑαυτὸ κίνησιν εἶχεν οὐδὲν ἦν αὐτῷ ἄτοπον κινεῖσθαι ὑπὸ ἀκινήτου. Νῦν δὲ ἀδύνατον τὸ ἀκίνητον ὑπὸ ἀκινήτου κινεῖσθαι. Πόθεν οὖν τῷ σώματι τὸ κινεῖσθαι· εἰ μὴ ἀπὸ τῆς ψυχῆς; οὐ γὰρ αὐτὸ κινητόν ἐστι τὸ σῶμα. Πρώτην οὖν γένεσιν κινήσεως βουλόμενος δεῖξαι οὐ πρώτην ἀλλὰ δευτέραν ἔδειξεν. Εἰ μὲν γὰρ τὸ μὴ κινούμενον ἐκίνει πρώτην ἐποίει κίνησιν. Εἰ δὲ τὸ κινούμενον ἀφ' ἑαυτοῦ καὶ ἄλλως κινεῖ δευτέρας κινήσεως γένεσιν ἐξηγεῖται. Πόθεν οὖν πρώτη γένεσις τῆς κινήσεως τῷ σώματι; τὸ γὰρ λέγειν ἀφ' ἑαυτῶν κινεῖσθαι τὰ στοιχεῖα,

potestate corpus est, potestate vitam habere in seipso potest; præsertim cùm in cæteris fieri possit ut qui habeat aliquid eo non utatur, ut in quo visus sit, non fungatur munere oculorum; in animâ id fieri nequeat. Non enim in dormiente nullum animæ munus est: nam et alitur, et augescit et phantasiâ utitur et respirat. Quare ex his manifestum est nulli adesse posse ut vivat potestate, sed omninò actu vivit. Quod enim potissimùm animam format nihil aliud præter vitam est: animæ enim cognata est vita. Corpori verò non aliter adest quàm quòd ejus quodammodò est particeps. Quarè qui dicit sanitatem vitæ proportione respondere, non animæ vitam sed corporis intelligit et ità fallax est ejus oratio. Nam in corpoream substantiam vicissim cadunt contraria, in eam quæ species est non cadunt. Si enim differentia quæ speciem efficit mutetur, etiam animal mutabitur. Itaquè non in substantiam quæ species est contraria cadunt, sed

τὰ μὲν κοῦφα ὄντα φύσει τὰ δὲ βαρέα ψεῦδος ἐστίν· εἰ γὰρ ἡ κουφότης καὶ βαρύτης κίνησις ἐστὶν, οὐδέποτε στήσεται τὰ κοῦφα καὶ τὰ βαρέα. Ἵσταται δὲ τὸν οἰκεῖον καταλάβοντα τόπον. Οὐκ ἄρα κουφότης καὶ βαρύτης αἰτίαι πρώτης κινήσεως εἰσιν, ἀλλὰ ποιότητες τῶν στοιχείων. Εὰν δὲ καὶ τοῦτο δοθῇ πῶς τὸ λογίζεσθαι καὶ δοξάζειν καὶ κρίνειν, δύναται κουφότητος καὶ βαρύτητος ἔργα εἶναι; εἰ δὲ μὴ τούτων, οὐδὲ τῶν στοιχείων. Εἰ δὲ μὴ τῶν στοιχείων οὐδὲ τῶν σωμάτων· ἔτι εἰ κατὰ συμβεβηκὸς ἡ ψυχὴ κινεῖται, τὸ δὲ σῶμα ἐξ' ἑαυτῶν καὶ μὴ οὔσης τῆς ψυχῆς ἐξ ἑαυτοῦ τὸ σῶμα κινηθήσεται. Εἰ δὲ τοῦτο καὶ ζῶον ἔσται χωρὶς τῆς ψυχῆς· ἄτοπα δὲ ταῦτα, ἄτοπον ἄρα καὶ τὸ ἐξ ἀρχῆς (1).

(1) Nemesii Episcopi et philosophi de naturâ hominis. Antverp. ex off. Christ. Plantini. M. D. LXV.

eam quæ subjectum est, id est corpoream. Nullo igitur modo anima corporis entelechia esse potest, sed substantia est omnibus partibus absoluta vacans corpore. Nàm vicissim in eam cadunt contraria virtus et vitium à qua species longissimè aberat. Deindè ait animam quæ sit entelechia esse immobilem per se : moveri tamen ex accidenti, neque esse absurdum eam motum afferre nobis etsi ipsa omnis motionis sit expers. Etenim pulchritudo movet nos, quæ tamen ipsa nullo motu agitatur. Verùm ut ità sit non movet pulchritudo rem immobilem, sed quæ ea natura est ut moveatur. Itaque si corpus quoque per se motum haberet, nihil esset absurdum moveri ipsum ab eo quod sit immobile. Nunc fieri nequit ut immobile ab immobili moveatur. Undè igitur motus proficiscitur nisi ab animâ? Non enim per se corpus movetur. Itaque dum primum motionis ortum vult ostendere, non primum sed secundum ostendit. Si enim moveret eam rem quæ non movetur primum motum faceret ; sin alio quodammodo movet id quod à seipso movetur, secundi motûs ortum exponit. Undè igitur primus ortus motionis corpori? Nam dicere à seipso moveri elementa, quod alia natura sint levia, alia gravia, falsum est : si enim levitas et gravitas motus est, levia et gravia nunquam consistunt. Consistunt autem cùm suum locum occupaverint : non ergò levitas et gravitas causæ primi motûs sunt, sed qualitates sunt elementorum. Sed tamen ut etiam hoc detur quomodo ratiocinari, opinari, judicare, gravitatis et levitatis opera, neque elementorum sunt : si non elementorum, neque certè corporum. Præztereà si ex accidenti movetur anima, corpus per se efficietur, ut, etiamsi absit anima, per se corpus moveatur. Quod si est etiam animal erit sine animâ. Hæc autem absurda sunt, etc.

EX M. A. CASSIODORI

DE ANIMA LIBRO.

Cap. v. — « ... Per animam innumera novimus explicari. Oculus enim, qui usque ad sidera tendit, se videre non prævalet; et palatus noster cum diversa gustu sentiat, cujus ipse sit saporis, ignorat. Naris etiam fragrantium corporum varios odores attrahunt; sed quid oleant ipsa non sentiunt. Cerebrum denique nostrum, licet sensum membris reliquis tradat, ipsum tamen sensum legitur non habere.

Cap. vi. — *Quod anima tota est in partibus corporis.*

..... Quia ubique substantialiter inserta est. Quod nisi virtus ejus, scilicet calor, tantum membra vegetaret, incisum digitum non poterat condolere : sicut nec sol probatur quicquam sentire si ejus radios secare tentaveris. Tota ergo est in partibus suis nec alibi minor, alibi major est, sed alicubi intensius, alicubi remissius, ubique tamen vitali intentione porrigitur. Colligit se in unum atque copulat : membra non sinit defluere vel contabescere, quæ vitali vigore custodit : alimenta competentia ubique dispergit, congruentiam in eis modumque conservans. Mirum præterea videtur, rem incorpoream membris solidissimis colligatam, et sic distantes naturas in unam convenientiam fuisse perductas, ut nec anima se possit segregare, cùm velit : nec retinere cùm jussionem Creatoris agnoverit.

Clausa illi sunt universa cum præcipitur insidere, aperta redduntur omnia, cum jubetur exire.

Cap. XI. — *Utrùm anima habeat formam, aut quantitatem.*

« ... Omnis quantitas aut de continuatis constat, ut arbor, homo et mons : aut de disjunctis, ut chorus, populus vel acervus et his similia. Sed cùm anima neque de continuatis, neque de disjunctis sit, quia corpus non est, clarum est eam quantitatem penitus non habere : sed ubicumque est, nec formam recipit, nec habere nobis dicenda est aliquam quantitatem. Creatori tamen circumstantias earum et quantitates parere posse credendum est, quia omnia sub mensura, numero et pondere creavit, et ipsi soli sunt vere nota qui ea fecit, qui mira potentia ipsas quoque cogitationes quasi res visibiles intuetur, qui innocentis sanguinem audit clamantem, ad postremum qui novit omnia et antequam fiant.....

Cap. XV. — *De sede animæ.*

« Quidam sedem animæ, quamvis sit in corpore toto diffusa, in corde esse voluerunt, dicentes quod ibi purissimus sanguis et vitalis spiritus continetur ut indè etiam cogitationes sive bonas, sive malas exire confirment quod animæ virtutem operari posse non dubium est. Plurimi autem in capite insidere manifestant, si fas est cum reverentia tamen dicere, ad similitudinem aliquam divinitatis quæ licet omnia ineffabili substantia sua repleat, scriptura tamen cœlo insidere confirmat. Dignum enim fuit ut arcem peteret quæ se noverat cœlesti operatione sublimem : et tali loco præ ceteris versari undè reliqua membra debuissent competenti regimine gubernari. Nam et ipsa figura capitis sphæroides pulcherrima est, in quâ sibi immortalis atque rationalis anima dignam faceret mansionem. Certè corporalia videamus. Ignis iste immortalis semper tendit ad summum..... Sunt et alia hujus credulitatis indicia. Nam cùm medendi peritissimi testam capitis humani gravissima percussione confractam in soliditatem pristinam revocare contendunt, membranam qua teneritudo cerebri communitur cum a sanguinea fece detergere cupiunt, frequenter attingunt : quæ statim ut tacta fuerit, in tantum stuporem homo pervenit ut vel percussus alibi graviter sentire non possit : sed mox iterùm ut se manus a cerebri impressione suspenderit, ad intellectum consuetudinarium redit vocem sensumque recipiens, quod de seipso jam agatur agnoscit. Quod in aliis utique membris non probatur accidere quamvis immanium vulnerum foveis excaventur. Additur etiam quod et sano corpori ad hanc rem pertinentia non minima signa proveniunt. Nam cùm fuerit aliquis nimiâ indignatione flammatus, animumque suum æstu cogitationis accenderit, non fluctu viscerum, non pectoris commotione vexatur, sed statim capitis dolore percutitur, ut illic videatur anima fatigationis signa reliquisse, ubi magna visa est virtute contendere.

..... Denique oculos nostros defigimus omninò cogitantes, aurium sensus obstruitur, gustus cessat, nares ab odoratibus vacant, lingua non habet vocem : et multimodis per talia signa cognoscitur animam in suis quodammodo cubiculis occupatam.

(*M. Aur. Cassiod. opp. Genev.* 1650. 4°.)

EX CLAUDIANI MAMERCI PRESBYTERI VIENNENSIS DE STATU ANIMÆ CONTRA FAUSTUM REGIENSEM LIBRIS.

— Est... in animâ qualitas, sed quantitas non est; quoniam quod affectuum mutabilitati subjacet, qualitatem recipit; quod verò non habet molem, non habet quantitatem. Hinc est quod emoriens omne corpus animatum, non amittit animam, sed dimittit, quia non egreditur quod non includitur, nec amittitur quod non tenetur. Si enim tenetur, non amittitur, et si non amitteretur, nemo moreretur. Undè non poeticè sed philosophicè Papinius ait :

« Odi artus fragilemque hunc corporis usum desertorem animi. »

(Ex lib. I, cap. XX.)

« Agitur anima non per locum sed pro affectuum diversitate et delectabiliter et pœnaliter. Illud tamen liquet animam sine corpore incorporabiliter per affectus piè vel mulceri vel affligi posse ; corpus sine animâ vel suavia vel pœnalia sentire non posse. Animæ igitur corporatæ est per corpus sentire corporea eidemque sine corpore videre incorporea. Ergò ut corpus inanimum nihil sentit,ità animus sine corpore corporea universa non sentit. Hinc est quod etiam dùm corpus administrat atque sentificat, si quando in summa eademque semper attollitur, ità quodammodo corporeos deserit sensus, ab iisdemque illocaliter abscedit ut coràm posita non videat, ut juxtà sonantia non audiat, ut percursam legendo paginam non intelligat.

(*Ibid., cap. XXIII.*)

« ..... Tu enim cùm dicis aliud esse animam, aliud animæ cogitationem, meliùs fortassè dixisses : illa de quibus cogitat anima, cùm de se non cogitat, non esse animam, ipsam verò cogitationem non esse nisi animam. Quia illud quod subjiciendum esse dixisti, catenùs animam solere requiescere ut prorsùs cogitet nihil, caret vero. Anima nempè variare cogitata potest, non cogitare non potest. Quid autem illud est quod somniare dicimur, nisi quod in fesso quidem corpore in somnosque resoluto animæ vis à cogitationibus vacat. Tota verò ibi est ubi cogitat quia tota cogitat. Verùm tu idcircò vel maximè de animæ statu falleris quia aliud animam aliud esse animæ potentias credis. Quod enim cogitat accidens ejus est, substantia verò quæ cogitat. Hoc equidem de voluntate oportet agnoscas. Nam sicut tota anima cogitatio est, ità anima tota voluntas est, et quæ perfectè vult, tota vult.....

..... Ecce dilectio ut tu arbitraris animi quædam portio est, ut ratio docet animus totus est. Si quid ergò toto amore amo, non id ipsum toto animo diligo ? Et ubi vacat illud quod dicitur : *Diliges Dominum tuum in toto corde tuo*, etc., si animæ pars putatur esse dilectio. Si enim parte suî diligit anima non utique tota diligit ; sin verò tota diligit, tota absque ambiguitate dilectio est. Dicitur enim verèque dicitur quoniam *Deus dilectio est*, sed dilectio illa talis est, ut nec ipsa diligere nisi bonum, nec per eam diligi possit nisi benè. Hæc autem dilectio quod est anima humana, propter affectuum mutabilitatem potest et in superiora, quod ei solus Deus est, cœlesti charitate flagrare, et in inferiora, damnabili amore diffluere. Quodlibet tamen diligat, si toto amore diligit, tota diligit. Et cùm tota diligit, tota dilectio est, quæ unitas in corpore scilicet non est.....

(Ibid., cap. XXIV.)

« Formidabili scilicet, atque ut autumat, insolubili syllogismo, ut anima ubi est, sit et non sit ubi non est, tanquàm nos eamdem aut ubique aut nusquàm esse dicamus. Cùm si ubique esset, Deus esset : si nusquàm, nihil esset. Illa quidem non in toto mundo est tota, sed sicut Deus ubique totus in universitate est, ità hæc ubique tota invenitur in corpore. Et sicut Deus nequaquàm minore suî parte minorem mundi partem replet, majore majorem, sed totus in parte, totus in toto est; ità et hæc non pro parte suî est in parte corporis. Nec alia pars animæ sentificat oculum, et alia vivificat digitum; sed sicut in oculo tota vivit, et per oculum tota videt, ità et in digito tota vivit et per digitum tota sentit. Aut si fortassìs sic tota in digito sentit, ut tota non sit in digito, sentit ergò tota, ubi tota non est et ubi non est. Aut igitur tota erit anima in corporis parte minimâ cùm nihilominùs in toto sit tota, aut cùm tota sentiat ubi tota non est. Est ergò tota ubi non est tota... etc. »

(Lib. III, cap. II.)

EX TRACT. DE SPIRITU ET ANIMA.

« Animus est substantia quædam Rationis particeps regendo corpori accommodata.....

« Ratio siquidem est animi aspectus quo per seipsum verum intuetur : ratiocinatio vero est rationis inquisitio (1).

(Cap. 1.)

« Animus invisibilis est. Neque enim aliter invisibilia cernere valeret. Visibilia per corpus videt, invisibilia per se, et in eo se videt quod invisibilem se videt. Videtur tamen in corpore per corpus, sicut sensus in littera manet, et per litterâm videtur. Animus corporis dominator, rector et habitator videt seipsum per semetipsum. Non quærit auxilium corporalium oculorum, imo vero (2) ab omnibus corporeis sensibus tanquam impedientibus et perstrepentibus

(1) Si l'esprit de l'homme participe de la raison immuable, il faut que cette raison l'éclaire, et il a fallu, à l'origine des temps, que cette raison se manifestât clairement à la raison créée : révélation psychologiquement nécessaire.

(2) La méthode de Descartes, on le voit, n'est pas nouvelle.

abstrahit se ad se, ut videat se in se, ut noverit se apud se. Et cum vult Deum cognoscere clevat se super se mentis acie. Non enim aliquid tale est Deus qualis est animus, non tamen videri nisi animo potest, nec ità, videri ut animus, potest. Incommutabilis siquidem est veritas sine defectu substantiæ. Non talis est animus : sed deficit et proficit, novit et ignorat, meminit et obliviscitur. Modo vult et modo non vult, diffusus cogitationibus atque consiliis, huc atque illuc vagatur. Considerando spectat omnia : videt absentia, transmarina visu ambit et percurrit aspectu, abdita scrutatur. Et uno momento, etc... descendit ad inferna, ascendit indè, versatur in cœlo, adhæret Christo, conjungitur Deo : ipse siquidem est ejus patria et habitatio ad cujus similitudinem factus est, etc.

(Cap. II.)

« Ex duabus substantiis constat homo, anima et carne : anima cum ratione, carne cum sensibus suis (1) : quos tamen sensus non movet caro absque animæ societate : anima vero rationale suum tenet sine carne.

(Cap. III.)

« Est si quidem rationalis, concupiscibilis et irascibilis. Per rationalitatem habilis est illuminari ad aliquid cognoscendum infra se, et supra se, in se et juxta se... Per concupiscibilitatem et irascibilitatem habilis est affici ad aliquid appetendum vel fugiendum...; affectus vero quadripartitus esse dignoscitur : dum DE (2) EO QUOD AMAMUS, jam gaudemus, vel gaudendum speramus; et de eo quod odimus, jam dolemus, vel dolendum metuimus. Et ab hoc de concupiscibilitate gaudium et spes et de irascibilitate dolor et metus

(1) *Sensus* n'exprime ici que les organes ; ce qui suit donne assez à entendre que l'auteur fait de la *sensibilité* une propriété de l'âme.

(2) Ces différentes modifications de l'âme ne sont que les développements variés d'une seule et même puissance : l'amour.

oriuntur. Qui quidem quatuor affectus animæ omnium sunt vitiorum et virtutum quasi quædam principia et communis materia. Affectus siquidem operi nomen imponit. Et quoniam virtus est habitus mentis bene compositæ, componendi et instituendi et ordinandi sunt dicti affectus ad id quod debent et quo modo debent ut in virtutes proficere possint, alioquin in vitia facile decident. Cum igitur prudenter, modeste, fortiter et juste amor et odium instituuntur, in virtutes exsurgunt, prudentiam scilicet et temperantiam, fortitudinem atque justitiam quæ quasi origines et cardines sunt omnium virtutum (1)... *Sensus* (2) verò unus est in anima et quod ipsa. Et cum corpus non sit, corporeus dicitur, quia corpus non transcendit, vel quia a corporeis exercetur instrumentis; unde et ob numerum instrumentorum quinquepertitus dicitur cum intus non sit nisi unus. Verum tamen propter varia exercitia variatur et varie nuncupatur. Dicitur namque sensus, imaginatio, ratio, intellectus, intelligentia ; et hæc omnia in anima nihil aliud sunt quam ipsa, aliæ et aliæ proprietates inter se propter varia exercitia, sed una essentia rationalis et una anima : secundum exercitium multa sunt, secundum essentiam vero unum sunt in anima et idem quod ipsa.....

(Cap. IV.)

« .... Verumtamen facultates et quasi instrumenta cognoscendi et diligendi habet ex natura, cognitionem tamen veritatis et ordinem dilectionis nequaquam habet nisi ex gratia.

(Cap. VII.)

« *Anima*... ex eo dicta est quod animet corpus ad vivendum, hoc est vivificet. *Spiritus* est ipsa anima pro spiritali natura... Anima et spiritus idem sunt in homine, quamvis aliud notet spiritus et aliud anima. Spiritus namque ad sub-

(1) Voyez Bossuet : de la Connaissance de Dieu et de soi-même, p. 28 et 29.

(2) *Sensibilité, sentiment, sens intime.*

stantiam dicitur et anima ad vivificationem. Eadem est essentia, sed proprietas diversa : nam unus et idem spiritus ad seipsum dicitur spiritus et ad corpus anima. Spiritus est, in quantum est ratione prædita, substantia rationalis : anima in quantum est vita corporis, de qua dictum est « qui perdiderit animam, etc. »

(Cap. IX.)

« ... Quâdam amicitiâ anima corpori conjungitur, secundum quam nemo carnem suam odio habet. Sociata namque illi, licet ejus societate prægravetur, ineffabili tamen conditione diligit illud, amat carcerem suum et ideo libera esse non potest. Doloribus ejus vehementer afficitur, formidat interitum quæ mori non potest (1)... Oculorum pascitur speculatione, sonoris delectatur auditibus, suavissimis jocundatur odoribus....., largâ epulatione reficitur, etc...

(Cap. XIV.)

« ... Et sicut Deus trinus et unus, verus et perfectus omnia tenet, omnia implet, omnia sustinet, omnia superexcedit, omnia circumplectitur ; sic anima (2) his tribus viribus per totum corpus diffunditur, non locali distensione, sed vitali intensione. Naturalis namque virtus operatur in hepate sanguinem et alios quoque humores quos per venas ad omnia corporis membra transmittit ut inde augeantur et nutriantur. Vis ista quadrifaria est. Dividitur namque in appetitivam, retentivam, expulsivam et distributivam. Appetitiva quæ sunt necessaria corpori appetit. Retentiva sumpta retinet donec ex illis digestio utilis fiat : expulsiva, nociva et superflua expellit ; distributiva bonos bonorum ciborum humores omnibus membris distribuit prout cuique expedit. Vis vitalis in corde est quæ ad temperandum fervorem cordis aerem transiendo atque reddendo, vitam et salutem toti

(1) Emprunté à Cassiodore.

(2) Germes du stahlianisme.

corpori tribuit. Aere namque puro sanguinem purificatum per totum corpus impellit per venas pulsatiles, quæ arteriæ vocantur. Ex quarum motu temperantiam atque distemperantiam cordis physici cognoscunt. Istas vires habent omnia animalia, et ideò corporis magis videntur esse quam animæ, cum anima sit vita corporis (3).

(Cap. XXI.)

« ... Potentiæ animæ atque virtutes longâ exercitatione et successu temporum crescunt. Ipsa vero nec crescit, nec decrescit, sed aut imparilitate membrorum aut humorum crassitudine et eorum corruptione præpedita vires suas exercere non potest. Anima carne exuta vivit, videt, audit, et omnes sensus atque ingenia vivaciter tenet : utpotè pura, subtilis, cita et perpetua. Et sicut Deus ubique in semetipso est, sic anima ubique quodammodo in semetipsâ est, ac per hoc ibi erit anima post corpus, ubi erat agens in corpore.

(Cap. XXX.)

« ... Nec duas animas esse credimus in uno homine, sicut multi scribunt, unam animalem quâ animetur corpus, et alteram spiritalem quæ rationem ministret. Sed dicimus unam eamdemque animam esse in homine quæ et corpus suâ societate vivificet et semetipsam suâ ratione disponat, habens in se libertatem arbitrii, etc. (1)... »

(Cap. XLVIII.)

(1) Unité de l'âme, malgré la diversité de ses fonctions.

Si on enlève le cervelet à un animal, il ne perd que ses mouvements de locomotion. (Voyez p. 9.)

« Nous pouvons conclure que dans les mammifères le siége de la volonté est dans l'encéphale et probablement dans les lobes cérébraux.....

« Rolando a placé le siége de la sécrétion de cet agent dans le cervelet qu'il considère comme une pile voltaïque, analogue à l'appareil des torpilles; chaque lamelle du cervelet formant les éléments de la pile. Ce physiologiste a d'un seul coup tranché deux questions : la première, relative à l'organe sécréteur de l'agent, le cervelet ; la seconde, relative à la nature de l'agent, le fluide électrique. Mais la première hypothèse est erronée, car on peut enlever le cervelet, et les animaux accomplissent encore des mouvements volontaires, etc...

« Nos mouvements sont parfaitement réguliers ; quel que soit le nombre des muscles employés à les accomplir, le système nerveux possède la faculté de coordonner les contractions musculaires, de manière à produire cette harmonie. Rolando est le premier qui ait considéré le cervelet comme régulateur des mouvements ; ses travaux ont été depuis continués par M. Flourens, qui, de même que Rolando, a enlevé les lobes cérébelleux, et M. Bouillaud qui les a brûlés, et ces expérimentateurs ont remarqué que les animaux dont le cervelet est détruit, ne peuvent que vouloir et remuer, mais sans coordonner leurs contractions : d'où résultent des mouvements tout à fait bizarres.

« M. Magendie a obtenu des résultats un peu différents ; il a constaté un antagonisme parfait entre l'action du cervelet et des corps striés, le premier poussant irrésistiblement l'animal aux mouvements en avant et l'autre aux mouvements en arrière. M. Magendie a de plus remarqué que si l'on coupe le pédoncule du cervelet d'un seul côté, l'animal tourne sur lui-même autour de son axe et quelquefois avec une telle rapidité qu'il fait plus de soixante révolutions dans une minute. »

(Richerand, *Nouv. Élém. de Physiologie*, tom. III, p. 17.)

TABLE.

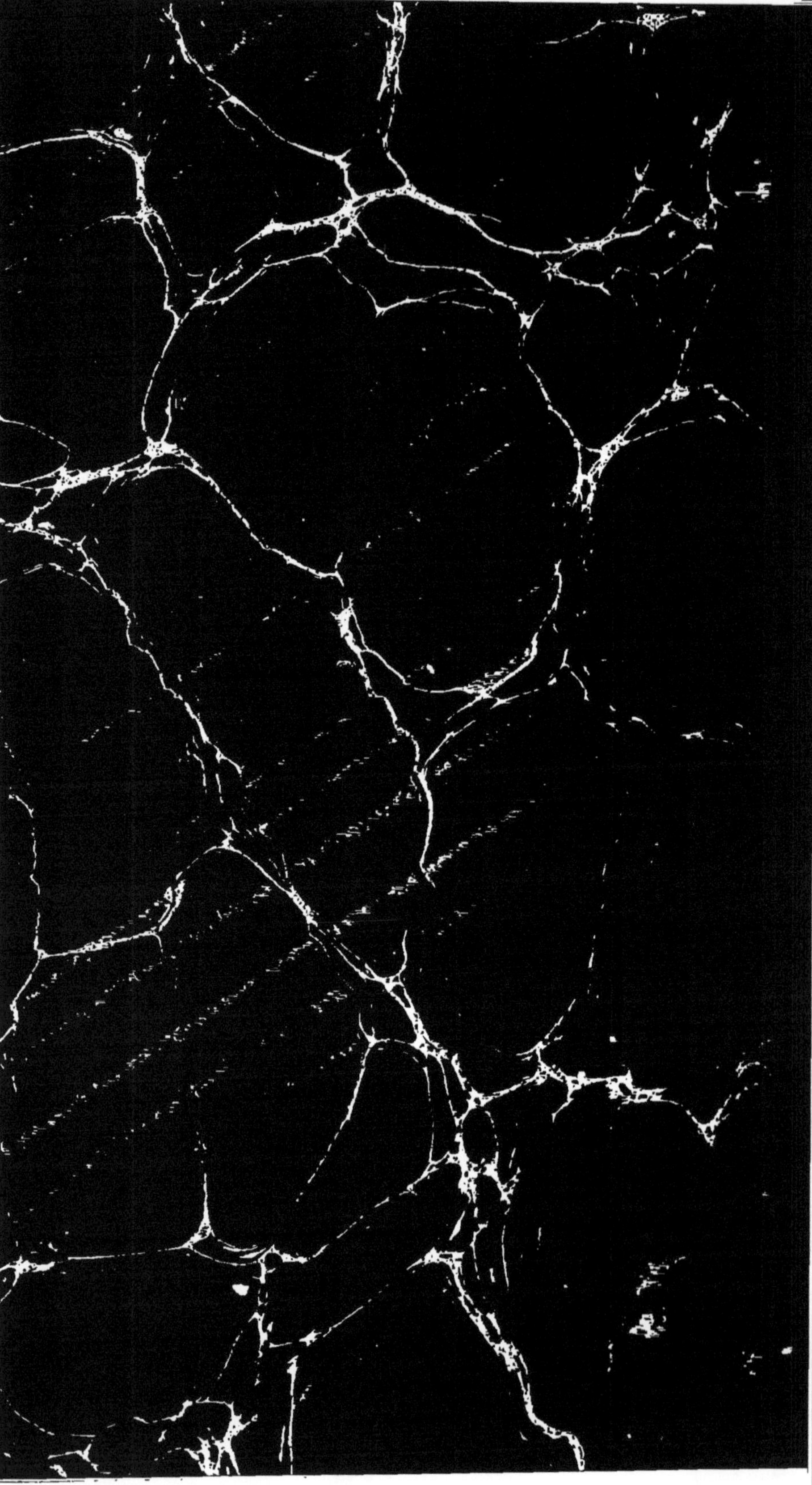

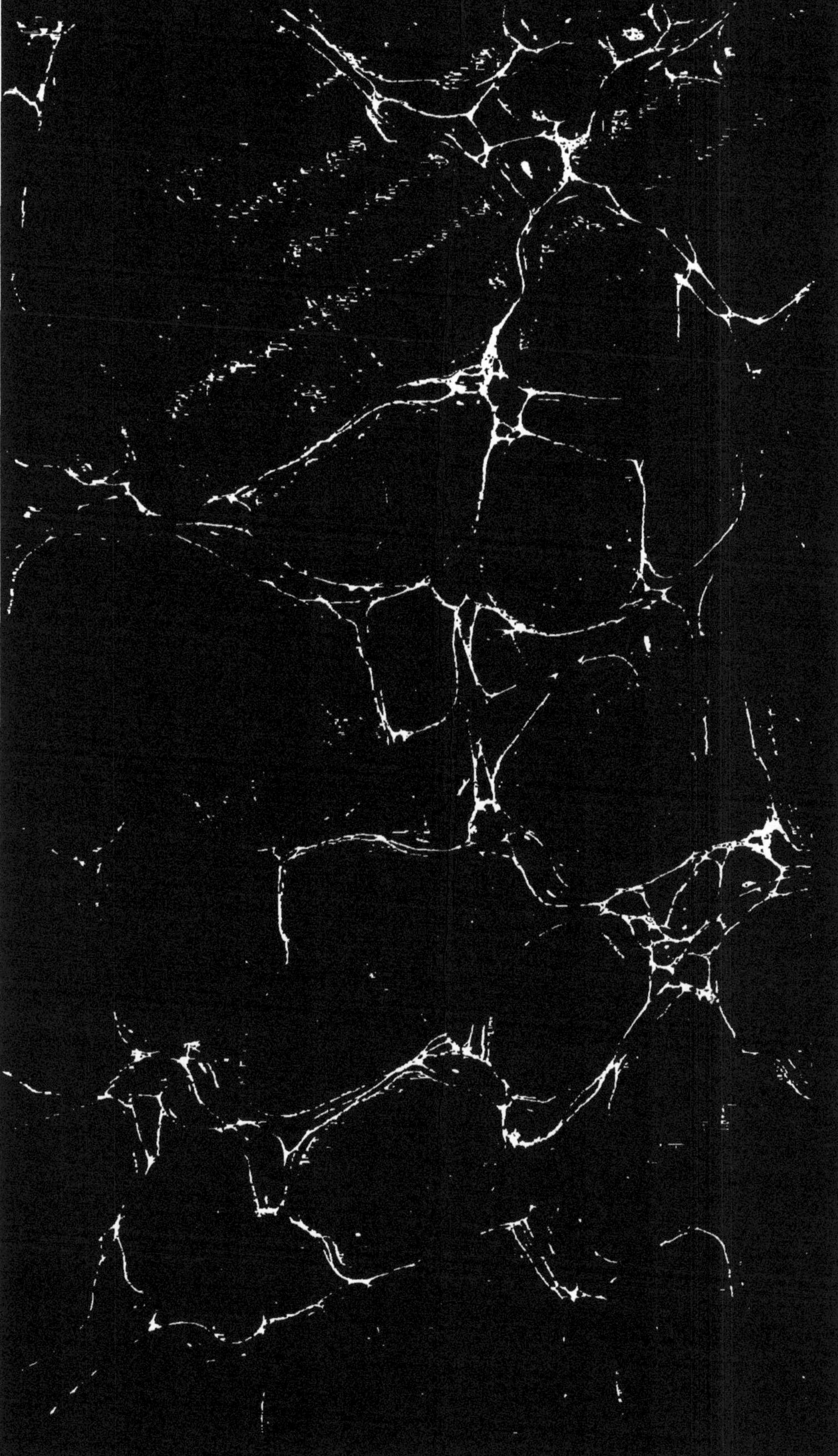